建筑设计基础教程 2016—2021

空间识构

Spatial Cognition and Composition

侯世荣　赵斌　刘文　王宇　仝晖　编著

中国建筑工业出版社

图书在版编目（CIP）数据

建筑设计基础教程. 2016—2021. 空间识构 =
Spatial Cognition and Composition / 侯世荣等编著
. —北京：中国建筑工业出版社，2022.12（2024.8 重印）
ISBN 978-7-112-28051-3

Ⅰ. ①建… Ⅱ. ①侯… Ⅲ. ①建筑空间—建筑设计—
高等学校—教材 Ⅳ. ①TU2

中国版本图书馆CIP数据核字（2022）第178097号

责任编辑：黄习习　徐冉
责任校对：董楠

建筑设计基础教程2016—2021　空间识构
Spatial Cognition and Composition
侯世荣　赵斌　刘文　王宇　仝晖　编著

＊
中国建筑工业出版社出版、发行（北京海淀三里河路9号）
各地新华书店、建筑书店经销
北京锋尚制版有限公司制版
北京中科印刷有限公司印刷
＊
开本：787毫米×1092毫米　1/16　印张：9　字数：209千字
2022年12月第一版　2024年8月第三次印刷
定价：**99.00**元
ISBN 978-7-112-28051-3
（40112）

前言　　建筑设计系列课教学
Foreword　Architectural Design Studio Teaching

仝晖　山东建筑大学建筑城规学院 院长、教授
　　　全国高等学校建筑学专业教育评估委员会委员
　　　国家"双万计划"一流专业、一流课程负责人

　　建筑设计系列课是我院建筑学专业核心主干课程，分为基础培养、专业训练、拓展提升三个阶段，以"立足区域、基础扎实、强化特色、多元培养"为目标，依托设计、理论、技术三线贯通、复合同构、循环递进的课程体系，结合学生的认知规律，在选题难度、设计深度、内容复杂性和综合性等方面逐级进阶，形成理论知识讲授与设计训练互为补充、相互促动的内容构成及实施思路。

设计课教学

　　设计课每学期112学时，共14周。

　　一年级：分析认知阶段。强调建筑分析、认识、设计的基本技能训练，掌握建筑基本概念、设计制图及基本表达技能。

　　二年级：设计入门阶段。强调基本环境制约下的空间设计，培养理性思维下的建筑设计基本技能。

　　三年级：设计提升阶段。强调多元环境与技术制约的设计训练，着力培养复合要素统筹的建筑设计能力。

　　四年级：设计拓展阶段。从城市视角，在城市设计、住区规划、大型公共建筑、遗产保护与设计等方面进行专项训练，拓展综合设计能力和实践创新能力。

　　五年级：综合设计阶段。选题特色化、综合化，设计实践类和研究类并重，着重提高学生的调查分析能力、综合设计能力和实践创新能力。

教学改革

　　中低年级以问题为导向，集成设计、技术、理论三要素，进行课题模块化设置，统筹功能、环境、技术要点，强化学生分析、综合设计能力的渐次提升，形成梯级进阶的设计模块体系。在高年级实行分方向培养、专项化训练。

　　本书以山东建筑大学建筑城规学院2016—2021年建筑学一年级"建筑设计基础1"和"建筑设计基础2"的教案、作业案例和教学评价与反馈为主要内容付梓出版，首次整体反映了我院在建筑设计入门阶段的教学研究和教学改革的最新成果。内容包括以"空间识构"为主线的多个课程训练的教学实录，系统地呈现设计教学的针对性和连续性，以及学生优秀作业与其背后教学过程的内在对应关系。教学设计关注观察与技能的并重，体现了我院建筑学专业教师在设计入门阶段建筑教育的锐意进取和潜心笃志。

　　整本书在为读者提供了难得的交流范本的同时，必将引发读者对新时代建筑教育打破常规、强调特色和不断开拓的深入思考。

目录
Contents

"3+1+1" 建筑设计主干课教学框架
The Core Architecture Course System Structure

	理论类课程	专业主干课程	技术类课程
第三阶段：实践提升 **实践能力、研究能力**	毕业设计（公共建筑设计、城市设计、设计研究、绿色建筑、遗产保护）		
	建筑师业务实践（多领域、多方向）		
第二阶段：专业拓展 **多视角、分方向**	城市设计概论	住宅原理与生态化设计	智能化建筑概论
	现代建筑专题	城市设计	生态建筑材料与技术
第一阶段：基础培养	中国传统聚落与民居	建筑设计4	建筑物理
	中国建筑史	建筑设计3	计算机辅助生态建筑设计
			建筑结构选型
基本设计能力训练	西方建筑史	建筑设计2	建筑力学
			建筑构造
	专业美术2	建筑设计1	绿色建筑概论
	西方艺术史	建筑设计基础2	阴影透视
基本专业素养训练	专业美术1	建筑设计基础1	画法几何
"十三五" 建设成果	山东省教学成果特等奖	国家级一流课程 国家级精品资源共享课 公共建筑设计原理	国家级一流课程 国家级精品资源共享课 房屋建筑学
"十二五" 建设成果	山东省教学成果三等奖	省级精品课程群 建筑设计、城市设计	省级精品课程群 建筑技术
"十一五" 建设成果	国家教学成果二等奖	国家级精品课程 建筑设计及其理论	国家级精品课程 房屋建筑学
		省级教学名师刘甦 和省级教学团队	国家级教学名师崔艳秋 和省级教学团队

设计教学体系架构

设计教学体系架构时间轴：

- 空间认知训练
- 建筑制图训练
- 建筑要素认知
- 建筑认知
- 功能空间设计

壹 一年级 设计基础 — 技能训练 要素认知

- 空间限定 景向·边界
- 空间分化 需求·分化
- 空间单元 单元·群组
- 空间叠合 街巷·序列

贰 二年级 设计入门 — 空间训练 限定要素

- 空间再生 空间·建构
- 技术统筹 技术·功能
- 环境场所 地域·文脉
- 概念综合 社会·人文

叁 三年级 拓展提升 — 设计训练 综合要素

- 城市设计 文脉·社会
- 城市综合体 城市·需求
- 住区规划 系统·群组
- 住宅设计 适用·宜居

肆 四年级 设计专题 — 专题训练 城市要素

- 建筑师业务实习
- 毕业设计

伍 五年级 实践综合 — 学科支撑 实践训练

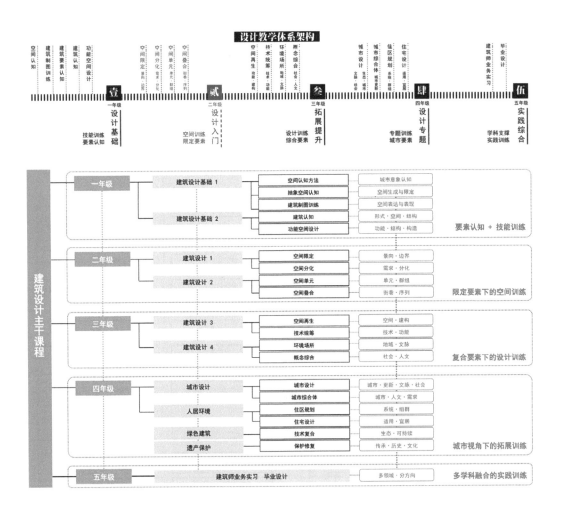

建筑设计主干课程

年级	课程	内容	要点	阶段目标
一年级	建筑设计基础1	空间认知方法	城市意象认知	要素认知 + 技能训练
		抽象空间认知	空间生成与限定	
		建筑制图训练	空间表达与表现	
	建筑设计基础2	建筑认知	形式·空间·结构	
		功能空间设计	功能·结构·构造	
二年级	建筑设计1	空间限定	景向·边界	限定要素下的空间训练
		空间分化	需求·分化	
	建筑设计2	空间单元	单元·群组	
		空间叠合	街巷·序列	
三年级	建筑设计3	空间再生	空间·建构	复合要素下的设计训练
		技术统筹	技术·功能	
	建筑设计4	环境场所	地域·文脉	
		概念综合	社会·人文	
四年级	城市设计	城市设计	城市·更新·文脉·社会	城市视角下的拓展训练
		城市综合体	城市·人文·需求	
	人居环境	住区规划	系统·组群	
		住宅设计	适用·宜居	
	绿色建筑	技术复合	生态·可持续	
	遗产保护	保护修复	传承·历史·文化	
五年级	建筑师业务实习　毕业设计		多领域·分方向	多学科融合的实践训练

建筑设计基础教学改革
Teaching Reform of Architectural Design Basics

01 课程建设情况及存在问题

建筑设计基础是建筑设计的专业基础课，属于设计的入门阶段。其被设置在建筑学专业一年级的上下两个学期，为后续设计专业课的学习提供相关知识与能力的支撑。

自2013年起，山东建筑大学建筑基础教研组开始进行设计基础课的改革，将课程从重视设计练习（平面构成、立体构成、室外空间设计、室内空间设计）向以空间建构为线索的抽象训练调整，逐步建立起空间生成、空间表达、空间调研、空间搭建与空间设计等多个训练模块。教学改革受到了香港中文大学基础教学思路的影响，强调空间生成的逻辑性以及对模型的观察与记录。

随着以空间建构为线索的抽象训练的不断应用，新的问题接踵而至，并集中表现在两个方面。一是三维空间操作形成的复杂空间应该如何被解读？抽象空间操作背后的理论基础是什么？二是抽象空间训练常导致学生缺乏对真实空间的尺度、质感、氛围的感受，应如何建立模型空间与真实空间的关联？

02 教学发展趋势

教研组梳理了国内以"空间认知为线索"的建筑设计基础教学，其呈现出两种不同的发展方向，即偏向"理性"认知的空间操作教学与偏向"感性"观察与体会的空间认知教学。

空间操作教学是当前在国内建筑设计基础领域影响最大的教学方法，可追溯至"德州骑警"的九宫格训练。其主要讨论空间形式及透明性的问题，利用抽象的杆件、板片与体块等部件，与梁、板、柱等建立联系，使学生较为迅速地掌握实体与空间、中心与边缘、限定与层次、方向与轴线等空间的原理与操作方法。布鲁斯·朗曼教授由此发展出装配部件教学方法，将空间的基本概念传授给初学者。本教学组赵斌教授指导的硕士论文《"得克萨斯住宅"九宫格空间操作研究》为后续教学研究提供了有力的支撑。

感性的空间认知强调个人对空间及要素的体会。其常以日常生活中的物件与空间为例，让学生通过观察与记录来理解基本的空间概念，试图挖掘学生记忆深处的空间意象，并鼓励学生形成个人化的空间理解。例如西安建筑科技大学刘克成教授提出的"自在具足，心意呈现"的一至四年级建筑学教育框架，强调从生活体悟设计，用设计呈现心意。

03 教学改革方向及内容

抽象的三维空间操作能够生成丰富的空间形式，却常使得空间关系难以被描述。同时，真实空间与模型空间的多方面差距常常使学生缺乏对真实空间环境的体会。由于观察对象的复杂性，以感性认知为主的训练往往难以触及空间原理的核心。教学组将已有的空间操作教学思路进行调整，并适度加入感性的空间认知过程，这可能是解决当下设计基础教学面临问题的一种思路。2019年底，教学组提出了模块化抽象训练与生活感知结合的建筑设计基础教学模式，尝试整合教学内容，借助混合式教学平台推进教学改革。改革涉及抽象空间操作与具体空间体验两个部分。

1）深化以空间为线索的整体思路

掌握艺术与视知觉研究规律、平面图解与透明性等基本理论，以装配式模块化为原则进行抽象操作。通过设定一定数量的板片、体块与杆件，在具体的网格范围内进行操作，并将每一步操作的要求与目标具体化，让学生通过抽象操作深入理解现代主义空间的基本原理。在训练的设定上，部分教师已将"德州骑警"的训练方法进行了翻译与研究。一手教学资料的获得为优化教学设计奠定了基础。

2）强化日常观察与体会在教学中的作用

山东建筑大学校园文化底蕴丰厚，拥有海草房、凤凰公馆、岱岳一居、老别墅等由他处迁移或在校内重建的传统民居建筑，以及火车餐厅、建筑系馆、宿舍等学习生活场所。教学组充分利用校园内的建筑与景观资源，将其作为抽象训练内容的有效补充，将学生的生活经验引入训练过程。

以下是山东建筑大学建筑城规学院建筑基础教学组2016—2021年设计基础教学的教学设定、教学组织与对应成果。其中难免存在不足之处，期望与各位读者共同讨论。

建筑设计基础课程框架

1

空间认知训练
Space Cognition Training

训练负责人　侯世荣

　　"建筑设计基础1"主要聚焦于从抽象空间到建筑空间的认知与体验,"建筑设计基础2"侧重于对建筑设计的整体认知和空间设计的入门训练。在以空间建构为线索的训练之中,"认知空间"是初学者的首要任务,包括单一空间与复合空间认知两方面的内容。

　　原有教案以抽象的小比例模型为工具展开训练。学生通过模型制作、观察与表达对方盒子式的抽象空间进行认知。由于模型与真实空间存在着尺度上的巨大差距,这常使得学生缺乏对真实空间环境的体会。为了弥合两者之间的差距,新教案加入了对校园真实空间的感知,要求学生通过拍照、绘制空间关系图等方式体会校园空间。

　　单一空间训练主要通过界面的围合程度讨论空间的方向性;复合空间训练通过板片、体块等空间构成方式讨论操作与空间秩序之间的关系。

侯世荣 拍摄

单一空间认知
Unit of Single Space Cognition

年级：一年级上学期
课时：3.5 周
每周 8 学时

训练课题

　　单一空间训练是建筑设计基础教学训练中的第一个单元。本训练单元旨在使学生掌握单一空间的概念，了解空间的量、形、质与方向性等属性，学习空间的基本表达方式。2015—2019年的训练以空间生成、空间限定、材料影响等抽象操作为主；2019—2021年的训练增加了对校园生活中具体单一空间的观察与记录环节。

训练目标

1. 以单一空间为研究对象，从量、形、质三个方面进行空间认知。

   量的认知：空间原型的提取，认知空间形式的多种可能性；

   形的认知：体验空间界面变化对空间方向产生的影响；

   质的认知：体验色彩、质感对空间感知的影响。

2. 以抽象的平面图、剖面图、轴测图等进行空间表达。

训练手段

　　通过模型制作与绘图训练掌握基本的空间表达技能；通过模型观察了解空间的量、形、质与方向等基本属性。

训练过程

　　按照课程进度分为空间生成、空间限定与材料影响三个阶段。每个阶段的训练成果均计入总成绩。

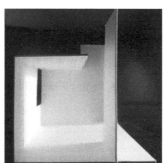

界面讨论

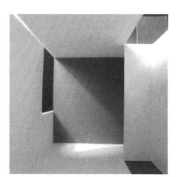

材质讨论

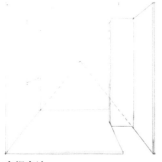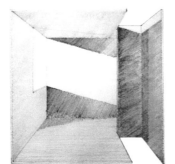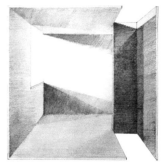

空间表达

侯世荣 绘制拍摄

阶段一 | 空间生成
Phase One | Generation of Space

训练任务

    1. 通过在给定的网格中选择部分色块为空间界面，沿着线条进行翻折以形成一个单一空间。观察由不同界面及边线进行操作产生的空间变化。

    2. 通过铅笔速写和照片记录观察结果。结合模型绘制平面图、剖面图与轴测图。

训练要求

    1. 所有板片均须在正交体系内，彼此平行或垂直。

    2. 根据网格将线条刻在灰色卡纸上，用灰卡纸制作完成最终模型。

    3. 用红笔在一个模型上标出平面和剖面的切割位置，根据剖切线绘制平面图和剖面图。

成果要求

    1. 空间模型不少于5个。

    2. 各个模型相同角度的内部空间照片以及相对应的铅笔速写，速写要求A5画幅。

    3. 对阶段成果进行排版，并用铅笔绘制抽象平面图与剖面图。

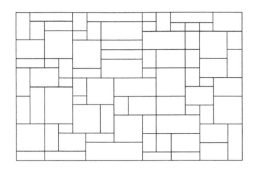

操作网格

赵斌 绘制

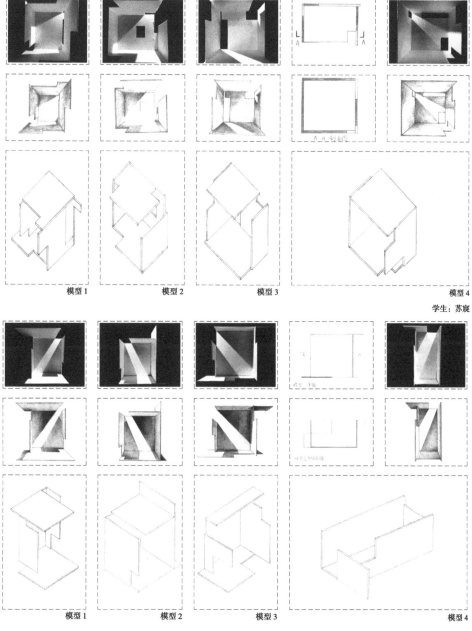

模型 1   模型 2   模型 3   模型 4

学生：苏宸

模型 1   模型 2   模型 3   模型 4

学生：郑家欣

阶段二 | 空间限定
Phase Two | Definition of Space

训练任务

    1. 选择第一阶段中的某个模型对空间界面进行修改，讨论界面对空间的影响。

    2. 通过铅笔速写和照片记录观察结果。结合模型绘制平面图、剖面图与轴测图。

训练要求

    1. 可对模型界面进行增加、减小或者去除，要求每次只对一个界面进行调整，操作步骤可逐步叠加。

    2. 至少形成5个不同模型，观察操作引起的空间变化。

    3. 对操作引起的空间变化进行分析，并在此基础上进行空间特征强化。

成果要求

    1. 空间模型不少于5个。

    2. 各个模型相同角度的内部空间照片以及相对应的铅笔速写，速写要求A5画幅。

    3. 对阶段成果进行排版，并用铅笔绘制抽象平面图与剖面图。

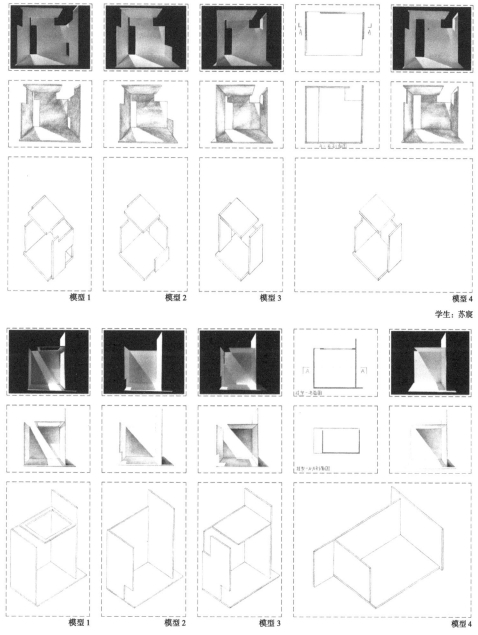

模型 1   模型 2   模型 3   模型 4

学生：苏宸

模型 1   模型 2   模型 3   模型 4

学生：郑家欣

阶段三 | 材料影响
Phase Three | Influence of Material

训练任务

    1. 选择第二阶段中的某个模型进行材料讨论。

    2. 通过铅笔速写和照片记录观察结果。

训练要求

    1. 采用特殊质感的材料对不同界面进行更换，每个模型只更换一个界面，观察材料变化对空间的影响。

    2. 采用有色或者透明材料对不同界面进行更换，每个模型只更换一个界面，观察材料变化对空间的影响。

成果要求

    1. 空间模型不少于10个。

    2. 各个模型相同角度的内部空间照片若干。

    3. 对阶段成果进行排版。

透明材料

颜色与质感

学生：苏宸

透明材料

颜色与质感

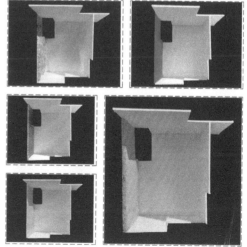

学生：郑家欣

阶段四 | 单一空间记录
Phase Four | Single Space Record

　　单一空间的学习方式有多种，通过折纸形成单一空间是较为抽象的学习方式。学生可借助正交体系进行学习，并了解一点透视、轴测图等空间表达方式。自2020级开始，教学组尝试加入空间记录环节，鼓励学生以空间的视角观察生活。全过程的训练可以使学生将抽象的认知和具体的感知结合起来。

训练任务

　　1. 发现校园生活中的具体单一空间。

　　2. 通过拍照的方式记录结果。

训练要求

　　观察实际生活是了解单一空间的另外一种方式。此阶段要求学生观察生活中的单一空间——以人、动物或昆虫为参照皆可。

成果要求

　　1. 具体的单一空间照片若干，空间不限于正交体系。

　　2. 照片提交至网络教学平台。

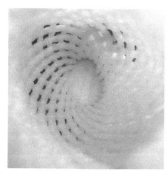

水果网套 学生：孙文心

被窝空间 学生：刘欣阳

校园连廊 学生：李晓烨

宿舍走廊 学生：纪怀宽

橘子皮空间 学生：张一凡

校园景观 学生：岳文鹏

纪怀宽 拍摄

复合空间认知

Unit of Multi Space Cognition

年级：一年级上学期

课时：3.5 周
每周 8 学时

训练课题

　　复合空间训练是建筑设计基础教学训练中空间训练的第二个部分。本单元旨在使学生掌握复合空间的概念，了解空间的秩序，学习空间的基本表达方式。2016—2018年的训练以规则制约下的复合空间生成为主；2019—2021年的训练借鉴并改进了布鲁斯·朗曼教授基于九宫格的装配部件教学法，增加了对校园生活中具体复合空间的观察与记录环节。

训练目标

　　以抽象的板片空间和体块空间为例，讨论特定组织规则影响下的多空间组合。体会组织规则与空间形式及秩序之间的关系。

　　1. 规则认知：板片空间以板片单元的插接、粘接操作为主，体块空间以体块的减法操作为主。以简单、清晰的规则操作单元要素或整体体量。

　　2. 秩序认知：感受特定规则影响下复合空间的形式特征与空间秩序。

　　3. 模型及表达训练：利用模型作为空间构思与表达的辅助手段，利用墨线进行制图训练。

设计要求

　　1. 以简洁、清晰的操作规则，对板片单元或实体体块进行操作，力求在多空间的组织之中形成空间秩序并兼顾一定的空间变化。

　　2. 通过多方案比较体会不同操作规则对空间秩序的影响。

　　3. 最终模型尺寸宜限定在35cm×20cm×20cm的长方体或25cm×25cm×25cm的立方体轮廓之内。

训练过程

　　按照课程进度分为规则认知与秩序认知两个阶段。每个阶段的训练成果均计入总成绩。

初期的教学设定，对规则的讨论主要集中在构件要素间的位置关系；后期的教学改革，对视觉要素组织原则的认知以及应用逐渐成为教学重点。

要素组织原则

在视觉要素的组织中，重复、对齐、亲密性以及对比原则是基本的原则。这些原则在排版设计、构图设计以及建筑设计中均有体现。结合学生生活的训练可以使学生了解这些原则并自觉地在设计中加以应用。

知觉组织法则

完形组织法则是格式塔心理学在实验的基础上提出的知觉组织法则，用以解释人们把经验材料组织成为有意义整体的方式。这些组织原则如下：

1. 图形与背景；　　　2. 接近性和连续性；

3. 完整和闭合倾向；　4. 相似性；

5. 转换律；　　　　　6. 共同方向运动。

对这些原则的理解是进行装配部件教学的基础与前提。

苟新瑞 描图绘制

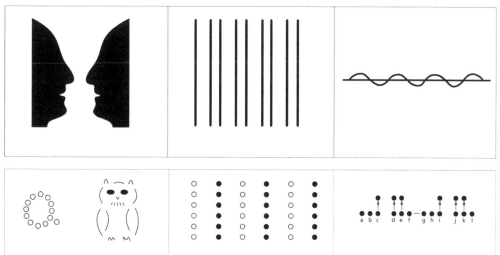

规则制约下的复合空间训练
Multi Space Training Restricted by Rules

学生：杨益言
指导：刘文
年级：2019 级

学生作业案例"板片空间构成"

以简单的L形板片为单元，通过板片之间的交叉叠合形成2～3个建构秩序，在对秩序进行逻辑排列的基础上发展出复合多样的空间形态。

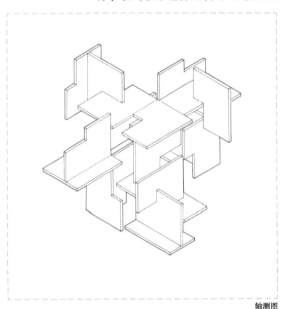

单元选择

规则制定

空间操作 1

空间操作 2

空间操作 3

最终模型

轴测图

复合空间

空间透视

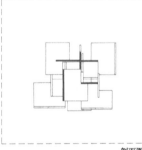
剖面图 1

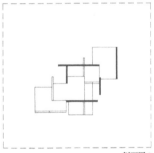
剖面图 2

剖轴测图

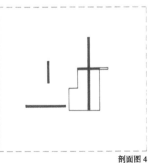
剖面图 3

剖面图 4

学生：闫悦展　　　**学生作业案例"板片空间构成"**
指导：黄春华　　　　以正方形组成基本的L形板片并将其进行错位粘贴操作，形成较为复杂
年级：2017级　　　的多空间状态。

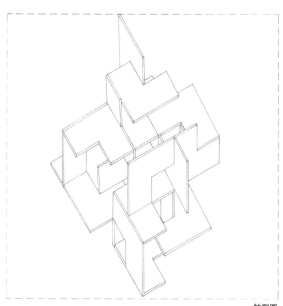

轴测图

单元选择

规则制定

空间操作 1

空间操作 2

最终模型 1

最终模型 2

复合空间

空间透视

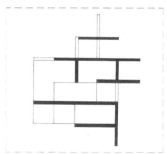

剖面图 1

剖面图 2

剖轴测图

剖面图 3

剖面图 4

23

学生：索日
指导：王宇
年级：2017 级

学生作业案例"体块空间构成"

以小体量的长方体为基本单元，对原有较大体量的长方体在适合的位置做有规则的减法，形成更多有秩序、体量感强的空间。

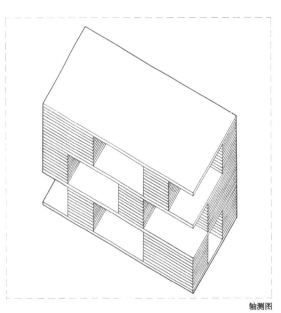

轴测图

单元选择　　　　　　　规则制定

空间操作 1　　　　　　空间操作 2

空间操作 3　　　　　　最终模型

复合空间

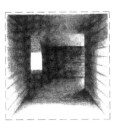

空间透视

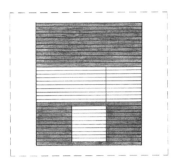

剖面图 1

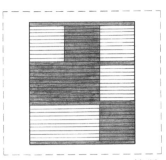

剖面图 2

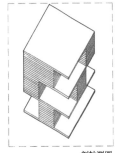

剖轴测图

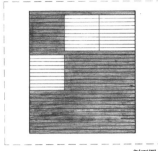

剖面图 3

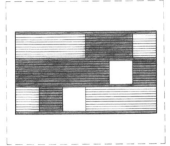

剖面图 4

学生：姜恬恬
指导：陶莎
年级：2018 级

学生作业案例"体块空间构成"

　　训练在方块的顶面与底面以贯通的狭长长方体进行减法式的操作，长方体的相交处形成透明空间。

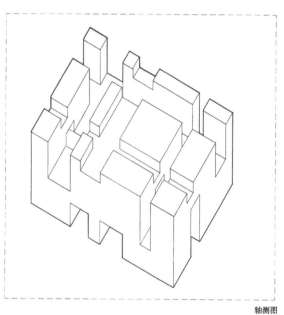

单元选择

规则制定

空间操作 1

空间操作 2

空间操作 3

最终模型

轴测图

空间透视

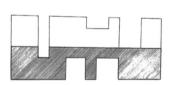
剖面图 1

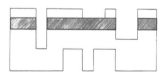
剖面图 2

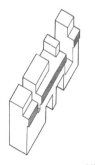
剖轴测图

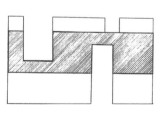
剖面图 3

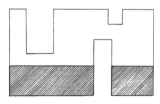
剖面图 4

视觉秩序认知
Cognition of Visual Order

视觉秩序认知 将5个给定要素在9cm×5cm的版面中进行重新组织，力求让人能快速且清晰地了解重要内容，了解亲密性、对齐等基本原则。

金

设计课课代表

班级：建筑2041

院部：建筑城规学院

手机：150××××××××

德

院部：建筑城规学院

班级：建筑2041

设计课课代表

江佳骏

手机：186××××××××

李雯杰

设计课课代表

院部：建筑城规学院

班级：建筑2041

手机：150××××××××

王敬宇

设计课香水大师

班级：建筑2041

院部：建筑城规学院

手机：133××××××××

钱昶

设计课课代表

院部：建筑城规学院

班级：建筑2041

手机：130××××××××

刘训龙

设计课课代表

手机：158××××××××

班级：建筑2041

院部：建筑城规学院

设计课课代表

手机：150××××××××

李雯杰

院部：建筑城规学院

班级：建筑2041

李雯杰

设计课课代表

院部：建筑城规学院

班级：建筑2041

手机：150××××××××

复合空间记录
Multi Space Record

肥皂泡   学生：孙文心

并置的调料盒   学生：张一凡

图书馆   学生：金德

展示空间   学生：周克楠

楼梯空间   学生：刘致远

开放教学空间   学生：崔富德

基于装配部件的复合空间训练
Multi Space Training Based on Assembly Parts

学生：孙文心
指导：侯世荣
年级：2020 级

学生作业案例**"装配部件训练之图底关系练习"**

    在被网格均匀划分的底板上设置4个相对独立的矩形空间。利用25片垂直板片将矩形空间之外深色底的部分进行填充，并设置一个以主要矩形空间为终点的空间序列。

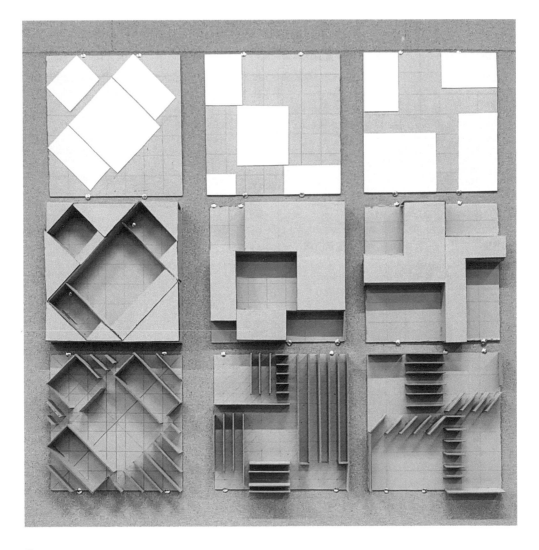

图底关系

模型 1

第一阶段顶视图

第二阶段鸟瞰图

模型 2

第一阶段顶视图

第二阶段鸟瞰图

模型 3

第一阶段顶视图

第二阶段鸟瞰图

空间生成

模型 1

第三阶段顶视图

第三阶段鸟瞰图

模型 2

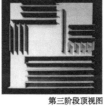

第三阶段顶视图

第三阶段鸟瞰图

模型 3

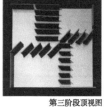

第三阶段顶视图

第三阶段鸟瞰图

路径分析

模型 1

第三阶段平面及路径示意

低点透视

模型 2

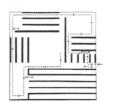

第三阶段平面及路径示意

低点透视

模型 3

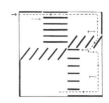

第三阶段平面及路径示意

低点透视

学生：刘顺昊
指导：王茹
年级：2019 级

学生作业案例 "装配部件训练之平行墙练习"

在7×7划分的方形底板上设置8片平行墙体，并以一个长边位置作为空间体验的开始。将其中6片墙体进行打断，在行进的过程中形成一定的空间秩序，并利用立柱、方块及顶盖丰富空间的秩序与层次。

墙体布置

平面图

空间组织分析

顶视图照片

低点透视

透明性分析

鸟瞰图照片

墙体打断

平面图

空间组织分析

顶视图照片

低点透视

透明性分析

鸟瞰图照片

空间覆盖

平面图

空间组织分析

顶视图照片

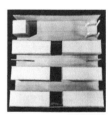

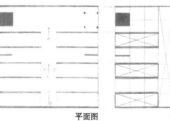

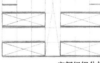

低点透视

透明性分析

鸟瞰图照片

31

学生：于博文
指导：侯世荣
年级：2019 级

学生作业案例"装配部件训练之基准墙练习"

　　根据底板上的网格控制线设置长方体基准墙，并对其进行挖洞或者打断操作。将一定数量的板片设置在底板的网格上且呼应基准墙，从底盘某一位置作为体验的开始。方案应形成与基准墙有关的空间感受。

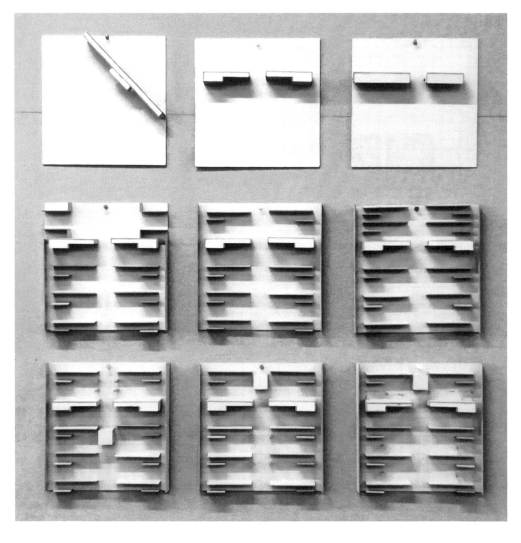

基准墙设置

基本网格

基准墙操作

顶视图照片

低点透视

基准墙控制线

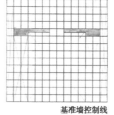

鸟瞰图照片

基准墙控制

平面图

空间组织分析

顶视图照片

低点透视

透明性分析

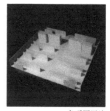

鸟瞰图照片

构件加入

平面图

空间组织分析

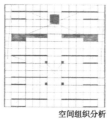

顶视图照片

低点透视

透明性分析

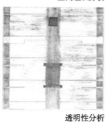

鸟瞰图照片

2

空间调研单元
Unit of Space Investigation and Research

训练负责人　侯世荣

空间调研单元是原有教案中的第一个训练单元。训练以城市中的事物为对象展开，目的在于教授学生确定明确的调研对象并且进行深入表达的方法。学生通过现场拍照、绘图表达对城市空间进行认知。由于学生调研前尚未对空间有所认知，这常使得调研时对空间环境的认知较为肤浅，空间表达存在明显的不足。

新教案将空间调研置于第二个训练单元，教学组因校制宜，要求学生以校园内的典型民居建筑（海草房、凤凰公馆、岱岳一居、老别墅等）、建筑艺术馆等为例开展调研，强调对空间要素以及空间关系的认知。训练将当地的文化传统与工匠技艺等信息与课程有机结合，贯穿设计基础训练的全过程。

空间调研强调学生对日常校园生活的观察，以对具体单一空间与复合空间的围合程度、量、形、质以及组合关系的认知为主，要求学生对校园建筑进行系统化的认知。

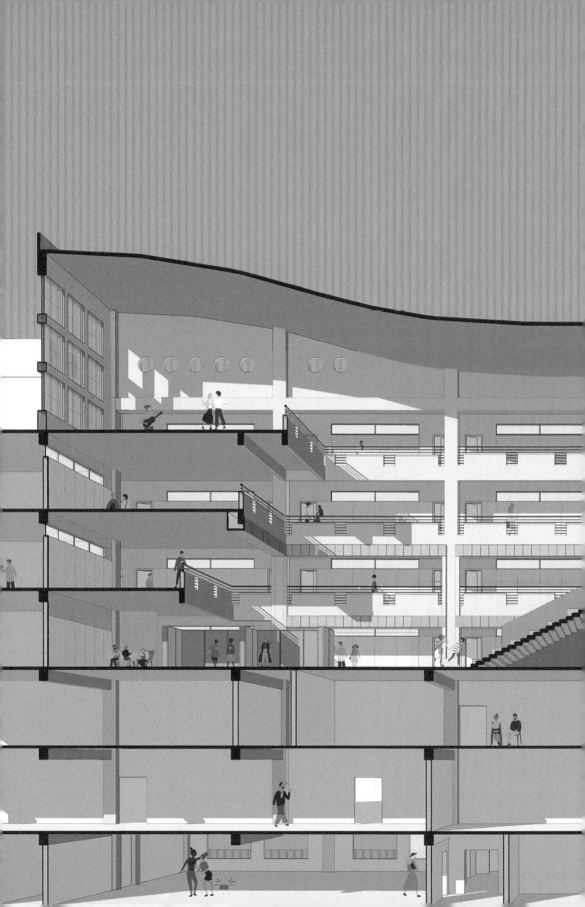

建筑艺术馆剖透视 张溙旼 绘制

空间调研训练

Training of Space Investigation and Research

年级：一年级上学期
课时：3.5 周
　　　 每周 8 学时

训练课题

　　空间调研单元以校园中的具体建筑为例，引导学生利用单一与复合空间的基本知识对具体空间进行分析。了解量、形、性、质、时五要素对具体单一空间的影响，了解具体建筑中多空间的组合方式。从抽象与具象两个维度理解建筑空间。2016—2017年的训练以城市认知为主，训练重点在调研方法的认知，即通过书写关键词细化调研对象，通过控制变量进行针对性表达；2018—2021年的训练以校园内建筑为例，开展单一空间与复合空间的认知。

训练目标

　　1. 了解量、形、性、质、时等五要素对空间的影响。掌握抽象单一空间与具体单一空间的区别。

　　2. 通过尺度测量、空间观察、空间抽象了解建筑的尺度、材质及空间构成情况。

　　3. 通过准确有效的方法表达空间的特征。

训练手段

　　通过现场调研了解具体空间的开启、采光与使用情况，了解具体多空间的组织情况；讨论了解平面图、立面图、剖面图、轴测图等不同表达方式的适用范围。

训练过程

　　按照课程进度分为现场调研与记录、表达方式讨论、图纸绘制三个阶段。每个阶段的训练成果均计入总成绩。

系馆空间

调研方法认知
Cognition of Research Methods

第一次 关键词

第一次 表达

第二次 关键词

第二次 表达

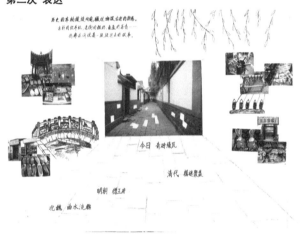

第三次 关键词

第三次 表达

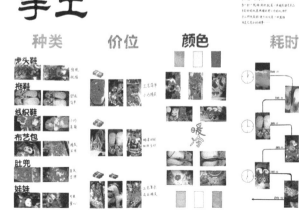

学生：孙宜家 张文琦

校园空间调研
Research on Campus Architecture

学生：秦伊梦 赵林清
　　　杨清滢 管毓涵
指导：陶莎
年级：2018 级

学生作业案例**"系馆楼梯空间调研"**

　　通过现场观察、尺度测量、模型制作等，对系馆中不同楼梯的位置、尺度、使用情况、空间效果等进行了记录，并比较了楼梯位置对空间的影响。

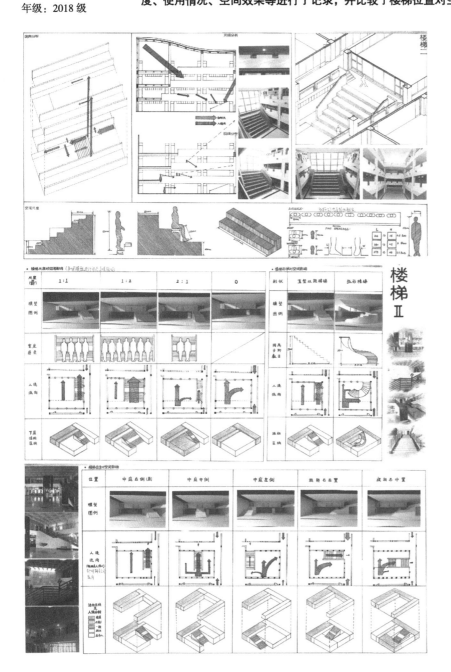

学生：李孟霖　巴羽西
　　　徐子茹　李若雨
指导：王宇
年级：2020 级

学生作业案例 **"系馆空间调研"**

通过调查问卷统计、实地数据测量、制作模型等方法对建艺馆空间进行调研，从空间形成、空间组织、结构、功能、秩序、流线等六个方面对建艺馆空间展开分析，掌握了现代建筑空间形式设计的基本手段和方式。

■ 空间组织分析

空间组合秩序	体量大小	功能设置	开放程度	流线走向	主观体验
分析原因	南北两馆学生比例不同，建筑系和艺术系在学科上的倾科程度不同，因此其所占空间体量也不同	一、二层为办公区，三、四、五层为教学区，不同使用者的差异性使用要求设置不同的功能分区与集中程度	建艺馆以教学办公为主要功能，因此主要由单个私密空间排列围合，而为满足展览等需要，设置通高中庭提供公共空间	为实现人员正常流动需求，设计主楼梯垂直流线和走廊水平流线的交通网，合理规划空间，提高利用率	受体量、功能等客观因素限制所产生的不同空间会让使用者有不同的主观感受，丰富其视觉体验
图例	■ 建院　■ 艺院	■ 教学　■ 办公	■ 公共　■ 私密	■ 垂直　■ 水平	■ 开阔　■ 封闭
位置布局					
内部细分					

■ 结构分析

□ 支撑

整体混凝土骨架

■ 功能分析

总布局

■ 中庭
■ 阶梯教室
■ 办公室
■ 域块教室

■ 秩序分析

控制线

建艺馆北立面图

□ 交通网络

■ 垂直　■ 水平

→ 参观者
→ 教师
→ 学生

1 参观者　　**2** 教师　　**3** 学生

1.
参观人员活动范围分散，密集度低，流动性强。不同于学生教师的学习工作等刚性需求，参观者经过的主要交通流线集中在二楼环廊和三楼中庭等建艺馆有建筑特色的场所，在行走过程中利用走廊两边的墙壁充分展示教学成果和优秀成绩，给人良好的参观感受和视觉效果

2.
教师活动流动性相比于学生较小，活动区域集中于办公区和教学区，此流线显示了教师日常最常用的交通路径

3.
学生行为活动范围集中，密集度高，流动范围较小，集中于教学区，此流线展示了学生行进过程中通过不同交通区域的直观感受

学生：杨风燕　冯雨昕　　**学生作业案例　"系馆空间调研"**
　　　　邹钰　格根珠拉　　　　选取建艺馆中不同位置的展陈空间作为调研对象，通过定性与定量
指导：张文波　　　　　　　分析对展陈方式、展示流线、展示尺度、光线进行了详细比较与研究。
年级：2018 级

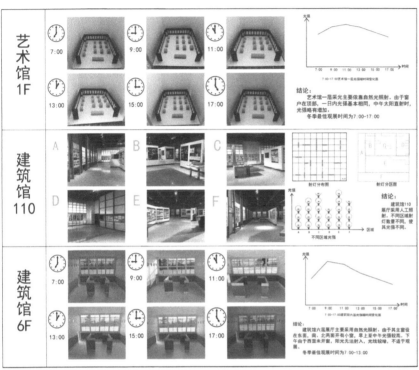

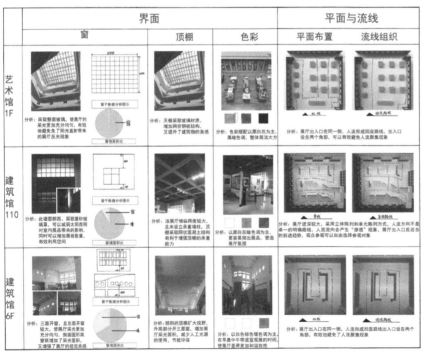

学生：郝若涵　邓晓颖
　　　齐玉婷
指导：侯世荣
年级：2019级

学生作业案例"系馆空间调研"

训练将系馆空间的整体体量与典型平面分别通过体块与板片进行抽象，并在保证各功能对应空间体积不变的前提下对空间进行重构，分析不同构成条件下空间的优劣。

建艺馆三层分析与转换

一点透视　　鸟瞰图　　俯视图

空间重构

重构1

鸟瞰图　　　　俯视图

低点透视

平面图　空间组织分析

重构2

鸟瞰图（字体嵌入）　俯视图

低点透视

平面图　空间组织分析

重构3

鸟瞰图　　　　俯视图

低点透视

平面图　空间组织分析

加墙体

鸟瞰图　　俯视图　　　鸟瞰图　　俯视图　　　　鸟瞰图　　俯视图

低点透视　　　　　　　低点透视　　　　　　　低点透视

一·空间构建

学生：刘东璇　林晨啸
　　　任笑萱　王淳子涵
指导：刘文
年级：2019 级

学生作业案例"系馆展示空间调研"

通过对建艺馆不同展示场所的空间尺度、限定方式、观展模式、光照氛围等方面的调研，将不同场所的同一内容进行对比分析，尝试从多角度解读空间，在发现效果差异的同时，加强对空间形式和设计手法的理解。

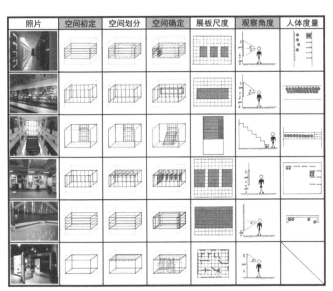

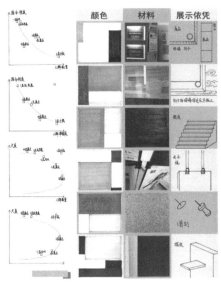

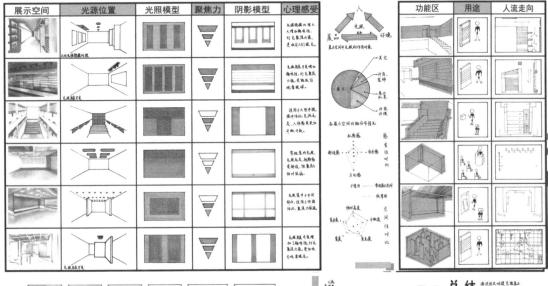

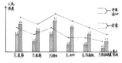

学生：李辰澔　李昱瑶
　　　潘慧　马立原
指导：刘文
年级：2020级

学生作业案例"系馆空间调研"

在艺术馆、建筑馆和综合楼选取6个空间单元，通过实地调研和手工模型，分别探讨不同空间的限定方式、材料使用、空间尺度和围合应对，加深对空间理解的同时，掌握空间形式的解读方法。

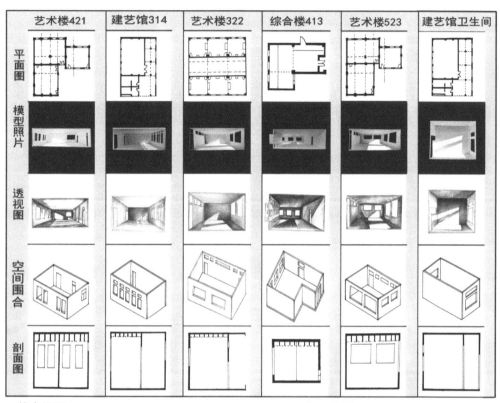

■ 基本概况　　　■ 采光分析

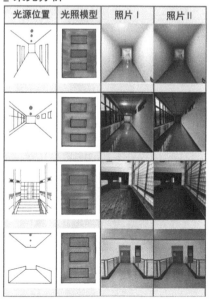

学生：胡心月　朱捷
　　　王涵　秦政
　　　孙少东
指导：周琮
年级：2020级

学生作业案例"系馆空间调研"

　　将建艺馆一楼门厅A、三楼内院B和中庭C抽象成三个空间盒子，分别与住吉长屋、朗香教堂、传统四合院作对比分析，表达三个盒子之间的空间联系、体量关系，笔触以蓝色为主，红色为辅，强调表达的内容。

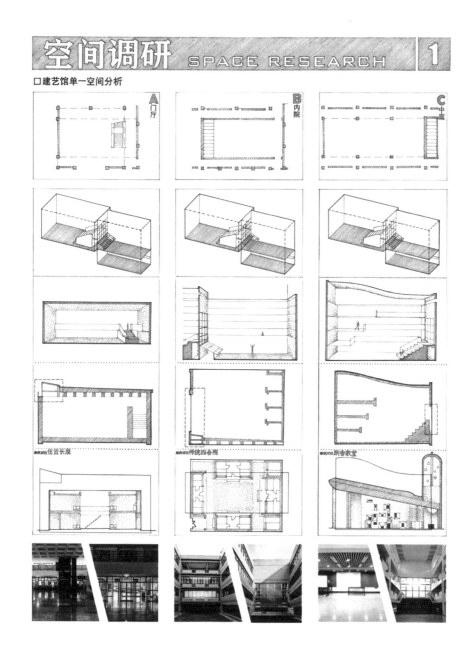

□建艺馆单一空间分析

空间调研 SPACE RESEARCH ②

口建艺馆空间联系与结果分析

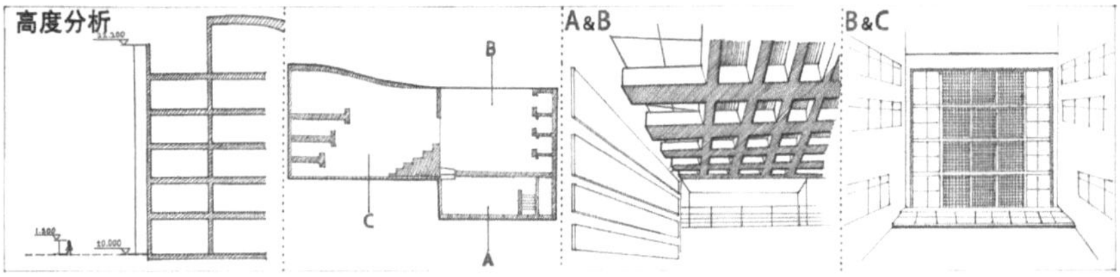

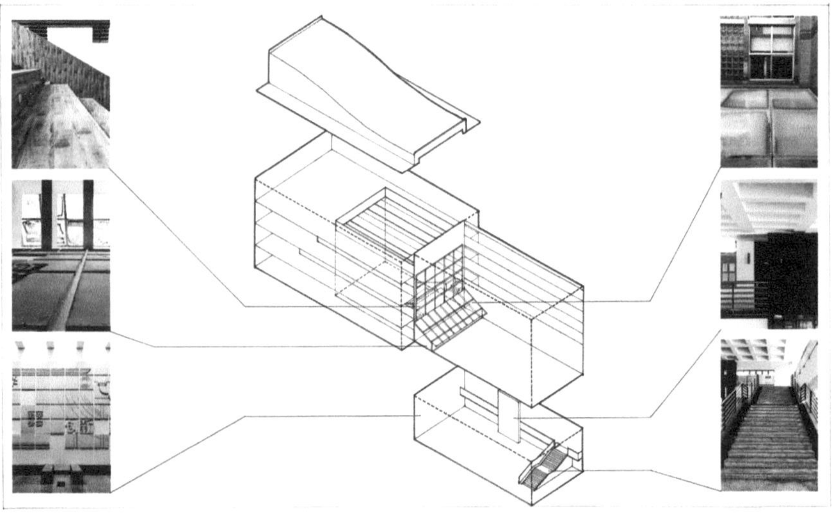

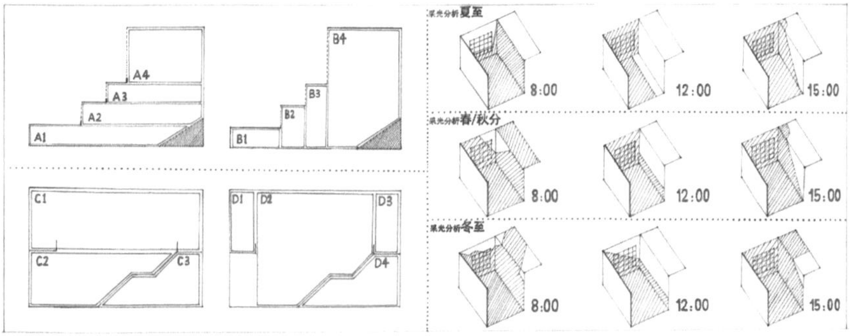

高度分析

A&B

B&C

采光分析 夏至

8:00 12:00 15:00

采光分析 春/秋分

8:00 12:00 15:00

采光分析 冬至

8:00 12:00 15:00

3

空间表达单元
Unit of Space Expression

训练负责人　王宇

空间调研使学生对校园建筑的空间有了基本的认知，空间表达单元则在此基础上进行建筑制图与表达的训练。自2020年开始，"空间表达单元"由扎尔兹曼住宅抄绘转为建筑系馆抄绘。训练重点在建筑平、立、剖面图及轴测图的基本概念、基本图纸表达及表现的基础上，加入模型制作与现场调研环节。

该阶段通过讲授建筑制图方法相关知识，引导学生从技术图纸表达与空间表现两个方面掌握建筑表达的基本方式。

空间表达训练
Training of Space Expression

年级：一年级上学期
课时：3.5 周
　　　每周 8 学时

训练课题

　　空间表达单元是建筑设计基础教学训练中的第三个单元。本训练单元旨在使学生掌握基本的空间表达方式，尤其是技术图纸绘制与空间表现两个方面的内容。2016—2019年的训练以扎尔兹曼住宅为例进行抄绘；2020—2021年的训练以校园内建筑系馆的部分空间为例进行观察与抄绘。

训练目标

1. 从技术图纸表达与空间表现两个方面了解空间表达的基本方式。
2. 掌握建筑平、立、剖面图，总平面图及轴测图的概念及绘制方法。
3. 了解空间透视及建筑配景表达的基本原理及绘制方法。
4. 了解图纸排版的基本原则。

训练手段

　　通过现场调查、图纸阅读、模型制作熟悉技术图纸的绘制原则，建立二维与三维之间的联系；通过草图练习了解透视图的绘制技巧及配景的表达方式。

训练过程

　　按照课程进度分为模型制作与现场调研、阶段图纸与配景绘制、图纸表达三个阶段。每个阶段的训练成果均计入总成绩。

图纸与配景阶段表达
Drawing and Scenery Expression

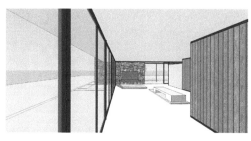
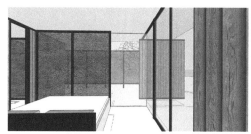

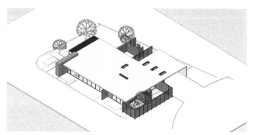

模型照片（张雅丽提供）

阶段平面草图

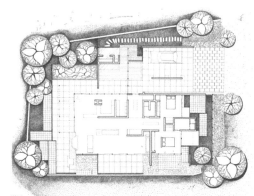

学生：闫博韬

学生：张溙旼

学生：王海燕

学生：陈凯

空间阶段表达
Space Expression

学生：吕日杰

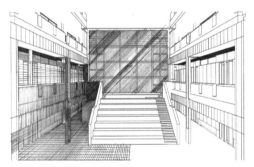

学生：刘顺昊

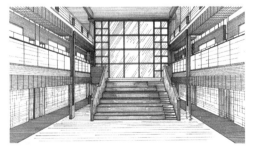

学生：郑家欣　　　　　　　　学生：张开翔

阶段轴测及立面草图

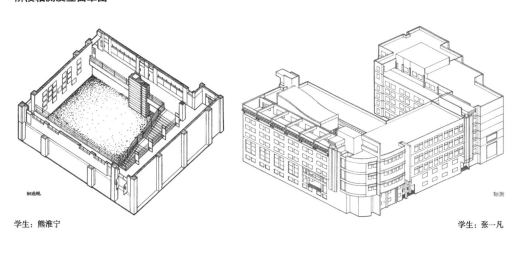

学生：熊淮宁

学生：张一凡

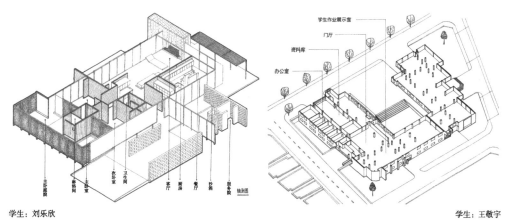

学生：刘乐欣

学生：王敬宇

学生：张翔宇

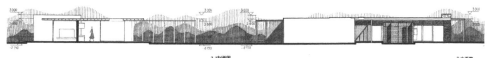

学生：刘乐欣

学生：王瑜婷
指导：郭逢利
年级：2015 级

学生作业案例"扎尔兹曼住宅抄绘"

训练着重于图纸的配景表达，通过细致的配景表达形成内外空间之间的对比关系，但平面配景稍显复杂。

剖透视

轴测图

北立面图

1-1剖面图

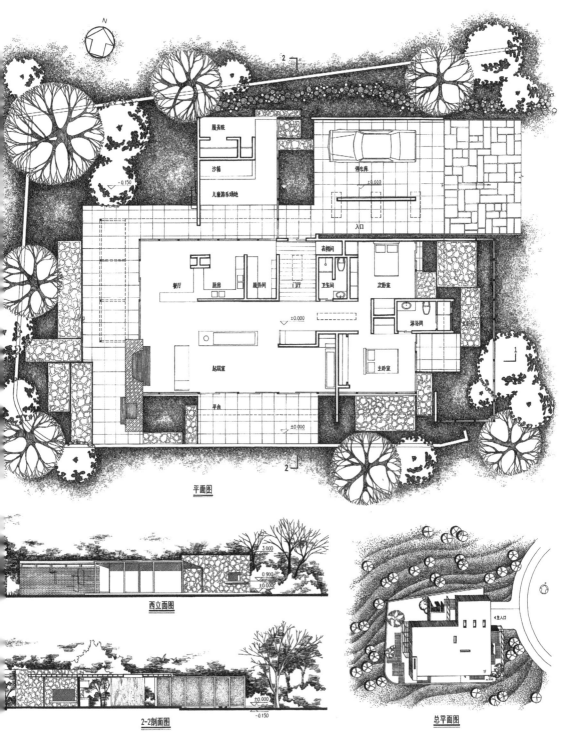

N

服务院

沙箱

儿童游乐场地

−0.150

停车库
±0.000

入口

衣帽间

餐厅　厨房　服务间　门厅　卫生间　次卧室

淋浴间

大卧院厅

±0.000

起居室

主卧室

平台

±0.000

2

2

1

平面图

3.000

0.900
±0.000

西立面图

±0.000
−0.150

2-2剖面图

主入口

1F

总平面图

学生：许雪颖
指导：王远方
年级：2016 级

学生作业案例"扎尔兹曼住宅抄绘"

训练采用抽象的配景表达室内外空间关系，凸显了内部空间的划分。墨线与铅笔的混合表达特征明显。

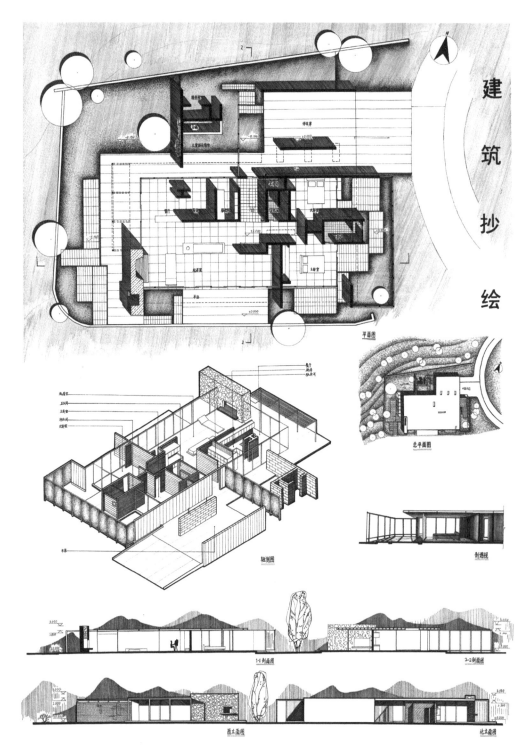

学生：周晓然
指导：王宇
年级：2016 级

学生作业案例 "扎尔兹曼住宅抄绘"

用不同的铺装形式表达室外、室内、庭院空间的层次关系，用线型变化丰富垂直方向的空间层次。画面张弛有度，均衡有致。

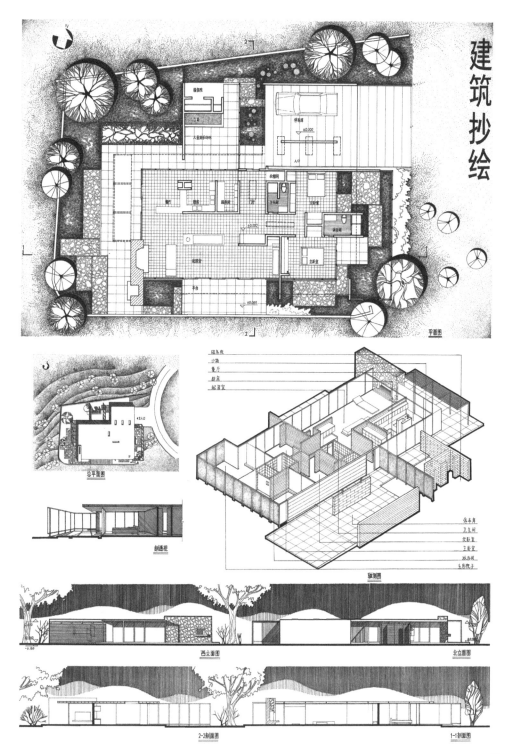

学生：张砚雯

指导：王宇

年级：2017 级

学生作业案例"扎尔兹曼住宅抄绘"

　　该作业图纸表现清晰，线型区分明确，排版构图规整，空间关系和材质细节表现充分，图面效果丰富细致，具有较强的表现力。

剖透视一 1:75

建筑
抄绘

SALZMAN HOUSE

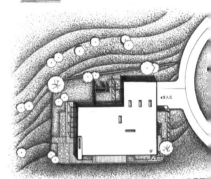

总平面

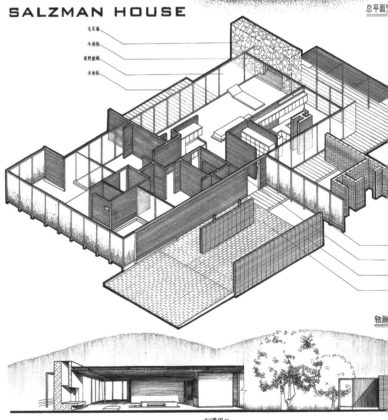

毛石墙
木挂板
透明玻璃
木地板

轴测

剖透视二

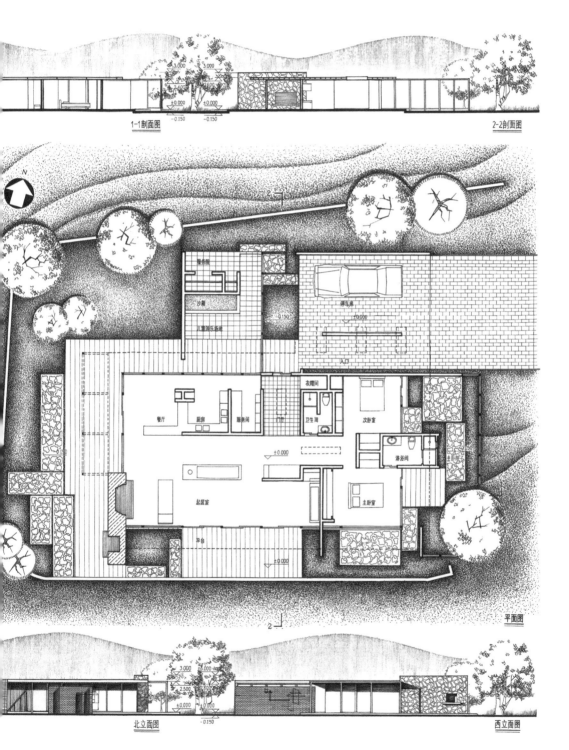

1-1剖面图

2-2剖面图

+3.000 +3.000

±0.000 ±0.000

-0.150 -0.150

N

服务院

沙池

儿童游乐场地

-0.150

停车房

±0.000

入口

衣帽间

卫生间

次卧室

餐厅 厨房 服务间

门厅

±0.000

淋浴间

起居室

主卧室

平台

±0.000

平面图

北立面图

+3.000 +3.000

+2.500

±0.000 ±0.000

-0.150

西立面图

61

学生：刘东璇
指导：刘文
年级：2019 级

学生作业案例"建筑系馆抄绘"

该作业室内空间划分合理，室外空间划分多样有序，空间关系表现清晰，排版规整明确，图面较丰富。

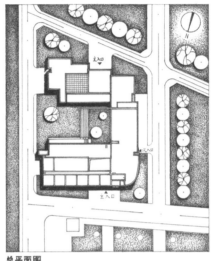
总平面图

模型照片1

模型照片2

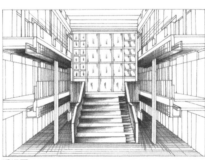
透视图

建筑
抄绘

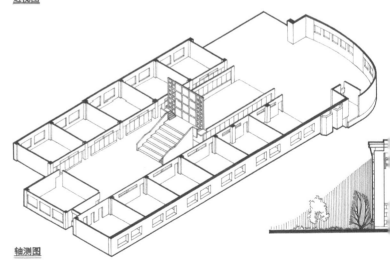
轴测图

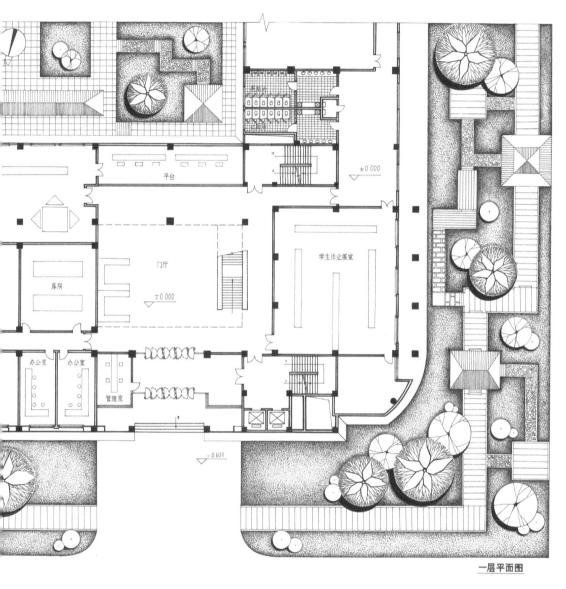

平台

门厅 ±0.000

±0.000

库房

办公室 办公室

管理室

学生作业展室

±0.000

−0.600

一层平面图

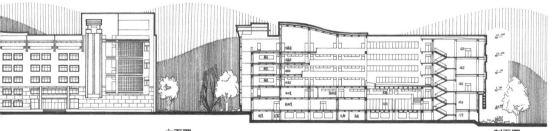

立面图   剖面图

学生：胡心月　　**学生作业案例"建筑系馆抄绘"**

指导：周琮　　　　训练强调平、立、剖面图纸比例的对应性，使学生了解基于轴网制图

年级：2020 级　　的基本逻辑，并强化对典型空间的观察与表达。

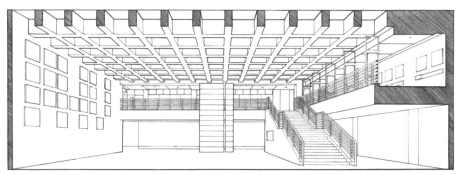

剖透视

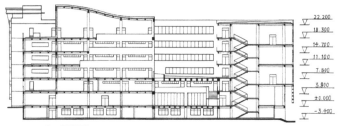

1-1 剖面图

建筑
抄绘

ARCHITECTURAL
DRAWING

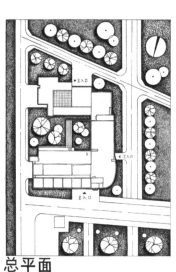

总平面

剖轴测

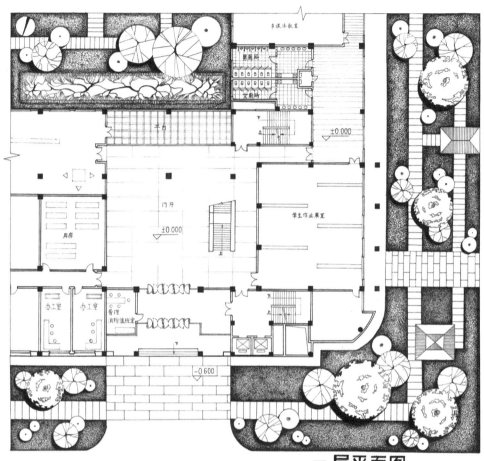

一层平面图

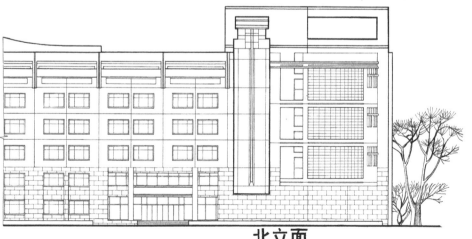

北立面

4

空间分析单元
Unit of Space Analysis

训练负责人　赵斌

　　"建筑设计基础1"主要聚焦于从抽象空间到建筑空间的认知与体验，"建筑设计基础2"侧重于对建筑设计的整体认知和空间设计的入门训练。"案例分析"作为基础学习的经典训练和必须掌握的专业学习方法，在新的教案中得以保留，并赋予了全新的训练目标与内容。

　　通过对经典案例的分析和解读，对之前所学习的空间、功能、尺度等建筑要素和比例、秩序等形式要素进行综合认知训练，并进一步加入了对"结构"概念的认知，为后续"建筑师工作室空间设计"训练做好知识储备。

　　该阶段训练基于教师对案例的深入了解，通过案例相关知识的讲授，引导学生从专业视角认知建筑的功能、空间、结构、形式，掌握正确的分析方法。结合对建筑师的了解，针对案例自身特点，围绕"空间"与"建构"展开解读，注重"聚焦"与"精读"，避免"全面"而"肤浅"。

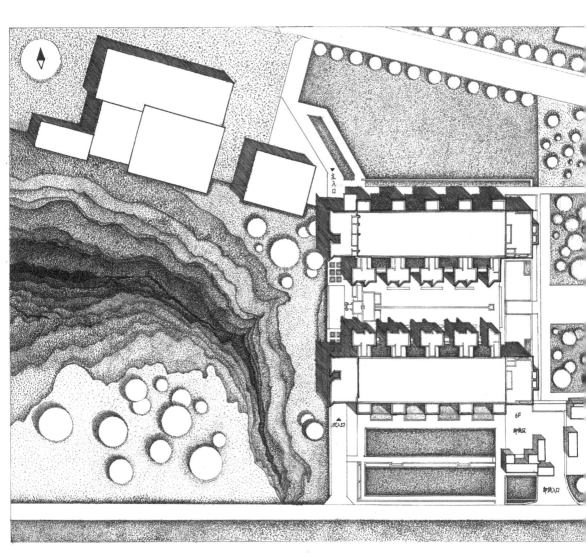

建筑构成的几何关系

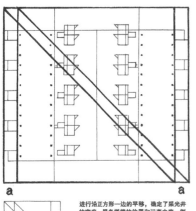

进行沿正方形一边的平移，确定了采光井的宽度、服务塔楼的位置和远离中庭一侧的实验楼墙壁。

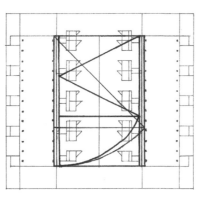

黄金矩形与1：√2的矩形的叠加取边线中点，确定了靠近中庭一侧实验楼的墙壁位置。

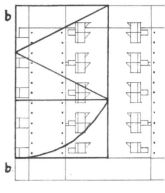

黄金矩形确定了实壁，同时确定了宽和机械室的位置。

总平面图

通过ABAB式的网格排布，确定了服务塔楼的水平位置和研究塔楼主体位置。

▋关于路易斯·I·康

通过三十年的努力，路易斯康对材料、结构、构造、功能、空间和光线等一系列建筑的基本问题有了全面把握，并通过对古罗马建筑的重新发现，形成了自己独特的建筑语言和思想。

▋建筑综述

萨尔克生物研究所是建筑师路易·康走向巅峰的代表作品。建筑座落在圣地亚哥市一块能够俯瞰太平洋的用地上。这栋建筑的主体部分具有明确的轴线构图；空间组合上重现历史上已有的空间等级序列；在建筑形体、大小、开阖明暗等方面展现了许多古典传统的特征；最为重要的是，康在这里成功实现了古典的复兴并与现代建筑主义的融合。

▋功能分区

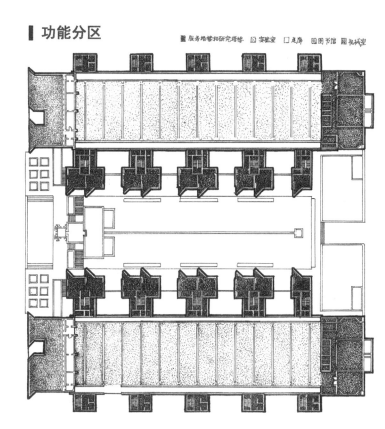

◼服务塔楼◻研究塔楼 ▨实验室 ▢走廊 ▦图书馆 ▨机械室

▋路易斯·康重要作品

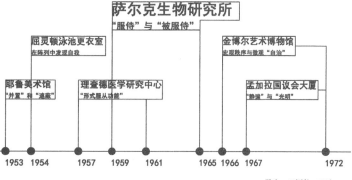

萨尔克生物研究所
"服侍"与"被服侍"

屈灵顿泳池更衣室
在阵列中发现自我

金博尔艺术博物馆
宏观秩序与微观"自治"

耶鲁美术馆
"并置"和"遮蔽"

理查德医学研究中心
"形式服从功能"

孟加拉国议会大厦
"静谧"与"光明"

1953　1954　　1957　1959　1961　　1965 1966 1967　　　1972

学生：王语航　王选

空间分析训练
Training of Space Analysis

年级：一年级下学期

课时：6.5 周

　　　每周 8 学时

训练课题

　　空间分析单元是建筑设计基础教学训练中的第四个单元。本训练单元旨在使学生掌握基本的空间分析步骤，了解基本的空间分析方法，为空间设计打下坚实的基础。2016—2017年的训练多依托于较新的案例，开展对环境、功能、空间、结构等方面的综合分析；2018—2021年的训练多依托于现代建筑的经典案例，开展以基本空间秩序为主的分析。

训练目标

1. 掌握尺度的概念，了解与人体相关的尺度。
2. 掌握功能的基本概念，了解功能组织、流线设计的基本原理。
3. 掌握建筑分析基本步骤，了解运用图解和模型解析建筑空间的方法。
4. 继续学习建筑模型及其配景的表达方法。

训练手段

　　通过尺度测量了解基本的人体尺度，认知主要教学及生活环境中书桌及单人卫生间的基本尺寸；通过阅读文献、模型制作了解分析案例的基本信息，提出相关疑问；通过图解对相关疑问进行分析与讨论。

训练过程

　　按照课程进度分为尺度训练、案例选择与模型制作、空间分析与表达、成果答辩四个阶段。每个阶段的训练成果均计入总成绩。

在分析过程中，要求学生避免"水图"的绘制，例如只限于建筑师简介、采光与通风分析图、较大的透视图。鼓励学生通过图解分析而非文字进行案例的解析。

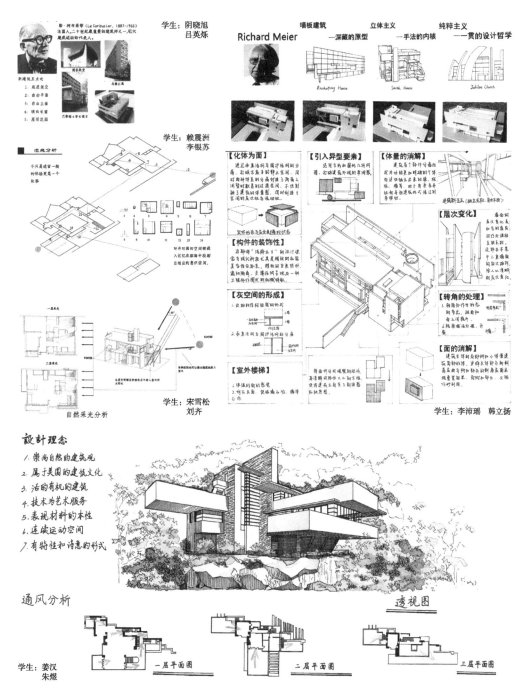

学生：阴晓旭 吕英烁

学生：赖震洲 李银苏

学生：宋雪松 刘齐

自然采光分析

学生：李沛瑶 韩立扬

設計理念
1. 崇尚自然的建筑观
2. 属于美国的建筑文化
3. 活的有机的建筑
4. 技术为艺术服务
5. 表现材料的本性
6. 连续运动空间
7. 有特性和诗意的形式

通风分析

透视图

学生：姜汉 朱煜

一层平面图　　二层平面图　　三层平面图

阶段一 | 尺度训练
Phase One | Dimension Training

训练目标

　　通过测量不同行为所需的基本尺寸建立人体尺度的概念。以教学区的绘图桌、宿舍的单人卫生间为例，分析特定使用影响下的空间尺度。

训练要求

　　1. 分组测量站立、正坐、行走时步跨、站立时摸高等状态下所需尺寸。

　　2. 结合以上成果，分析教学区的绘图桌、宿舍单人卫生间的基本功能及静态与动态行为，如书写、打字、阅读、如厕、盥洗等的尺寸。

成果要求

　　1. 绘制人体尺度示意图，应表现出身高、肩宽、胯宽、臂长、腿长等，比例1：30。

　　2. 绘制绘图桌的多种排列方式及尺寸。

　　3. 尝试绘制独立卫生间（包括洗脸盆和坐便器）的布局及尺寸。

　　4. 以"人体尺度"为题将以上成果绘制在A3图纸上，每人不少于两张。

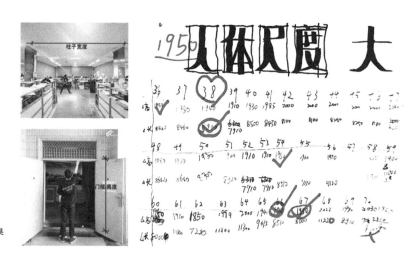

某班教学区非尺规测量结果
张养浩 拍摄

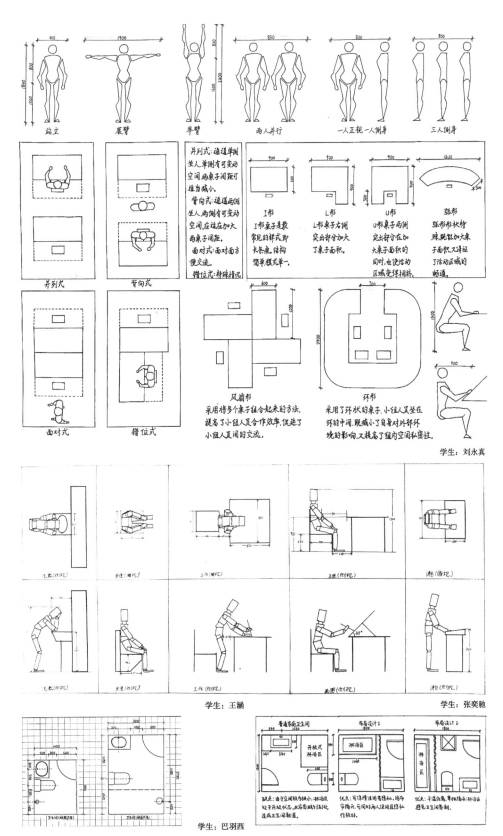

站立　展臂　举臂　两人并行　一人正视一人侧身　三人侧身

并列式　背向式

并列式：通道单侧
坐人，单侧有可变动
空间，两桌子间距可
适当减小。
背向式：通道两侧
坐人，两侧有可变动
空间应适应加大
两桌子间距。
面对式：面对面方
便交流。
错位式：特殊情况

I形　L形　U形　弧形

I形桌子是最
常见的样式即
长条桌，结构
简单模式单一。

L形桌子右侧
突出部分加大
了桌子面积。

U形桌子两侧
突出部分在加
大桌子面积的
同时，也使活动
区域更拥挤。

弧形形状特
殊，既能加大桌
子面积，又保证
了活动区域的
畅通。

面对式　错位式

风扇形

采用将多个桌子组合起来的方法，
提高了小组人员合作效率，促进了
小组人员间的交流。

环形

采用了环状的桌子，小组人员坐在
环形的中间，既减小了自身对外部环
境的影响，又提高了组内空间私密性。

学生：刘永真

学生：王涵

学生：张奕驰

普通客厅卫生间　布局设计1　布局设计2

缺点：由于空间缺乏，淋浴区
处于开放状态，水容易溅到卫
生间别处，使卫生间潮湿。

优点：可保持淋浴间干净整洁，
容易清洁。可同时容纳两人使用且保护隐
私性较好。

优点：干湿分离，整体提升卫生间品质，
避免卫生间潮湿。

学生：巴羽西

73

阶段二丨案例选择与模型制作
Phase Two | Case Selection and Model Making

训练目标

通过阅读图纸及制作建筑模型了解建筑及环境的基本信息。

训练要求

1. 两名同学为一组并选择建筑案例，根据相关图纸资料按比例制作建筑模型。

2. 制作前期案例研究汇报PPT，应突出反映模型制作过程中发现的问题。

成果要求

1. 建筑模型应能较清楚地表达建筑形体、空间组织关系。

2. 制作场地模型应在模型底盘上配置适当的环境配景。底盘尺寸约700mm×550mm，应注明作业名称、班级、姓名、学号、指导教师等，材料不限。

学生：苏宸　逄晓璇

李贤瑞　岳文鹏
毕经纬　刘训龙

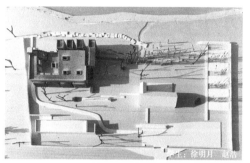

学生：徐明月　赵浩

学生：黎盛境　宋艺林

学生：甘为

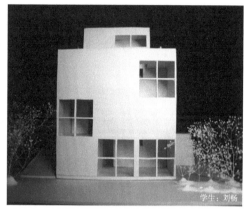

学生：刘畅

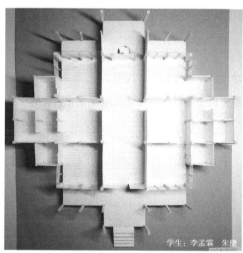

学生：李孟霖　朱捷

学生：胡心月　王涵

学生：纪怀宽　刘致远

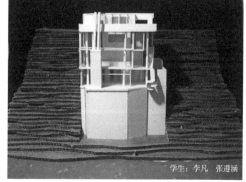

学生：李凡　张遵涵

阶段三 | 空间分析与表达
Phase Three | Space Analysis

训练目标

　　学习运用适当的分析方法来解读建筑。学习从场地环境、功能与空间等不同角度对案例进行解析，尤其注意对内外空间进行解析。

训练要求

　　1. 结合环境中的重要要素绘制环境分析图，绘制功能关系图。

　　2. 结合平面图、剖面图及轴测图，绘制功能流线及空间组织分析图。

　　3. 分析应体现出对建筑基本问题的理解。能够通过一定的分析方法对某个建筑问题进行有效的呈现。

成果要求

　　1. 绘制功能气泡图。

　　2. 绘制环境分析图、功能及空间分析图，比例自定。

　　3. 以"空间分析"为题将以上成果绘制在两张A3图纸上，每人一份。

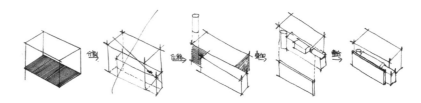

学生：李昱瑶

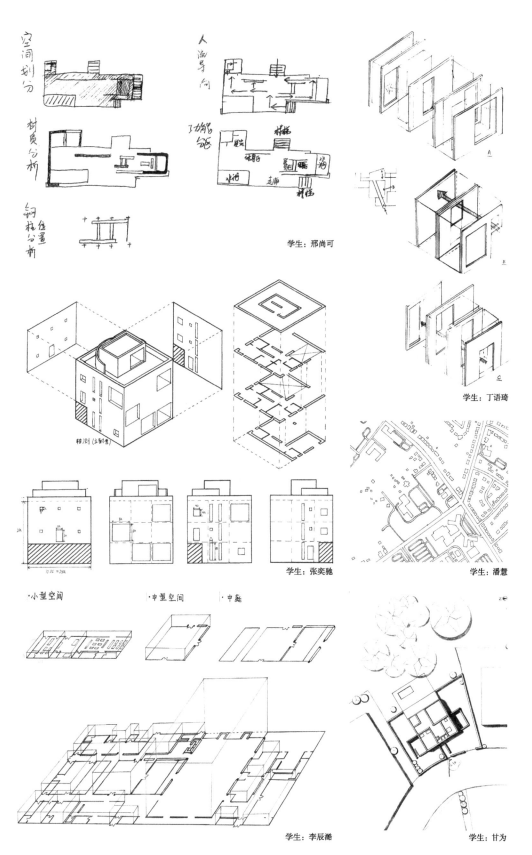

空间划分

材质分析

结构分析 位置

人流导向

功能分布 楼梯
休息 展厅
水池 走廊 展厅
材料

学生：邢尚可

A

B

C

学生：丁语琦

轴测（立面透视）

学生：张奕驰

学生：潘慧

·小型空间   ·中型空间   ·中庭

学生：李辰滢

学生：甘为

学生：徐明月　赵浩　　**学生作业案例"鹿野苑石刻博物馆"**
指导：陈平　　　　　　该作业对设计的总图及典型空间进行了表达，并通过拆解轴测及剖面
年级：2015 级　　　　图示对设计的结构、空间序列及构造细节进行说明。

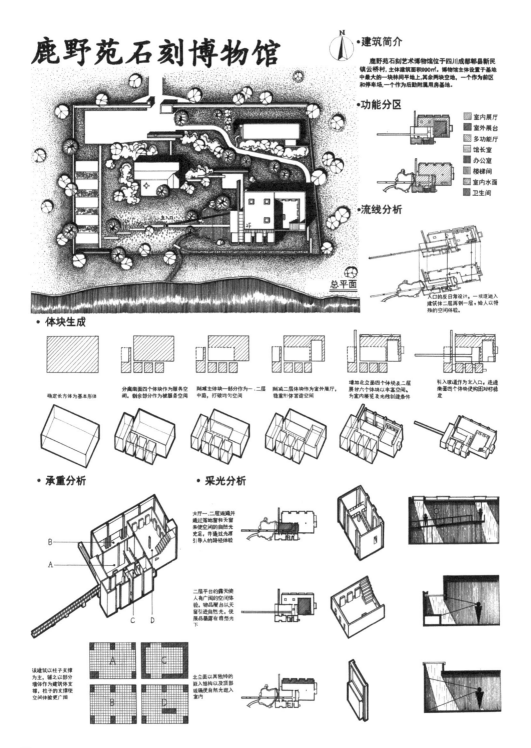

鹿野苑石刻博物馆

·剖切轴测

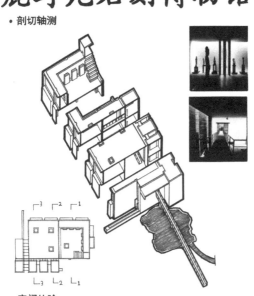

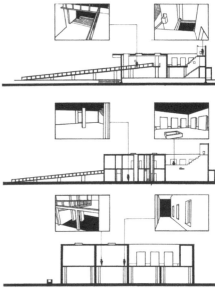

·空间体验

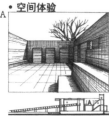
A

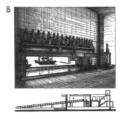
B

C

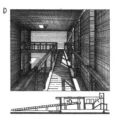
D

·特色分析

排水分析

楼雨采用女儿墙的横式来解决排水的问题。二层平台墙边高起的坡墙，顶部向内倾斜，边墙高出的墙体顶部向内倾斜，并通过管道排水。

二层平台墙边高起的坡墙，顶部向内倾斜将水引入平台，再以管道为载体将水引出建筑体外。

凸出的展物台的墙体顶部向内凹陷，由墙内的管道流出顶部的玻璃向内倾斜将水引入墙内的管道。

室内水面分析

水面的宽度使人看不到水面的尽头输入以管轮。还可以通过水面看到墙后面的展品，达到多空间体验。

墙洞的高度满足人视线的通过。载物台的宽度足以使展品放在上面，并不阻碍人视线的通过。

道路分析

突然引入的坡道打破空间严肃性，坡道的宽度仅便一个人的行走，引导人进入建筑。

室内的楼梯使人舒适，满足人的行为。室外的楼梯相对较高，引人进入到到三层看台。

·模型照片

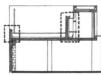

水面

载物台

倾斜 凹槽 引流

倾斜 水管

凹槽 倾斜 水管

1
2

学生：索日　杨秀华　　**学生作业案例"罗比住宅"**

指导：赵斌

年级：2017 级

该作业以网格为基础，从总图关系、形体生成、材料应用、形式分析、承重分析等方面利用图示语言对罗比住宅进行全面深入的分析。

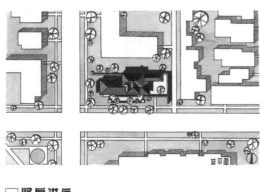
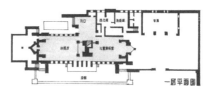

□ 竖向谱位

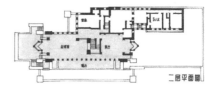

一层平面图

二层平面图

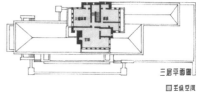

三层平面图

□ 主体空间
□ 附属空间

建筑案例分析
ROBIE HOUSE

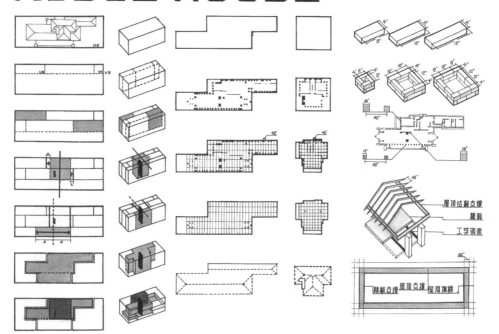

□ 形体生成　　　　□ 网格分析　　　　□ 网格体奏

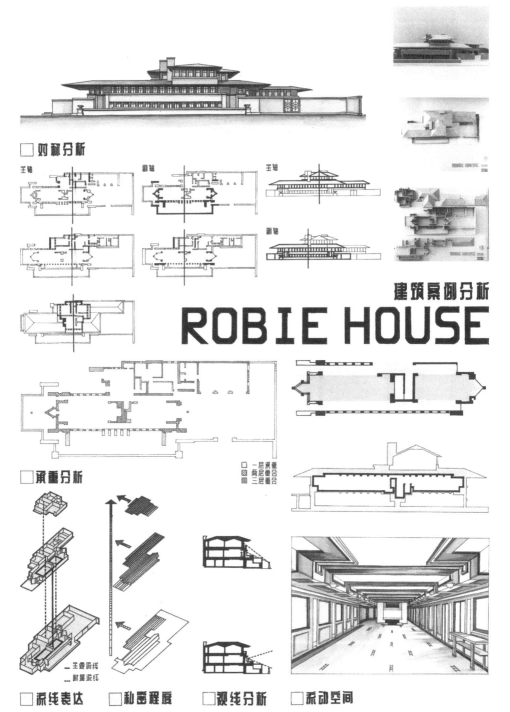

□ 对称分析

主轴　　　　　副轴　　　　　主轴

副轴

建筑案例分析
ROBIE HOUSE

□ 一层承重
□ 两层承重
■ 三层承重

□ 承重分析

— 主要流线
-- 附属流线

□ 流线表达　　□ 私密程度　　□ 视线分析　　□ 流动空间

学生：袁铨　马　诺　**学生作业案例"道格拉斯住宅"**

指导：王宇

年级：2017 级

该作业从几何生成、空间生成、建筑与环境等方面对道格拉斯住宅进行整体分析，对住宅中的私密与公共空间采取了连续剖切来呈现二者之间的关系。

DOUGLAS HOUSE ANALYZE

立面与平面几何生成

空间区域几何生成

建筑物与不同地势比较

光照变化

楼梯和走廊特点

私密空间与公共空间划分

模型照片

位于美国密执安州的道格拉斯住宅是白色派作品中较有代表性的一个。室外的楼梯和高耸的烟囱，还有横向的顶，透明的玻璃窗，构成了它的所有。室外平台面对着大海，充分享天泽，蓝蓝的海，轻盈楼梯，纤细的栏杆。自然和建筑形成一片和谐融合的景色，无疑又是大自然的另一项杰作。

建筑物切片比较

DOUGLAS HOUS
RICHARD MEIER

该作业还对道格拉斯住宅与比安奇住宅、史密斯住宅与罗比住宅中的几个共同要素进行对比分析。分析图比例控制较好，版式设计疏密相间，对比强烈。

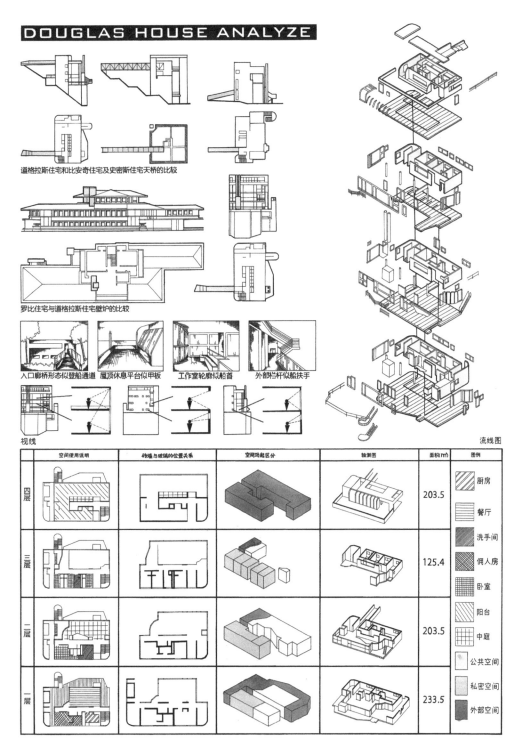

DOUGLAS HOUSE ANALYZE

道格拉斯住宅和比安奇住宅及史密斯住宅天桥的比较

罗比住宅与道格拉斯住宅壁炉的比较

入口廊桥形态似登船通道　屋顶休息平台似甲板　工作室轮廓廊似船首　外部栏杆似船扶手

视线

流线图

	空间使用说明	砖墙与玻璃的位置关系	空间功能区分	轴测图	面积(㎡)	图例
四层					203.5	厨房
三层					125.4	餐厅 / 洗手间
二层					203.5	佣人房 / 卧室 / 阳台
一层					233.5	中庭 / 公共空间 / 私密空间 / 外部空间

学生：张子清　张宗洋
指导：王月涛
年级：2018级

学生作业案例"拉乔夫斯基住宅"

　　该作业对设计的基本信息、空间构成及比例进行了分析，对内外空间的彩铅表现效果较为突出。

大师案例分析Ⅰ
RACHOFSKY HOUSE
新现代主义的承袭·突破·创新

理查德·迈耶　Richard Meier

迈耶注重立体主义构图和光影的变化，强调面的穿插，讲究纯净的建筑空间和体量。通过对空间、格局以及光线等方面的控制，迈耶创造出全新的现代化模式的建筑。

巴塞罗那现代
道格拉斯住宅　艺术博物馆　庵溪别墅
1972　　　1987　　　2000
1965　　　1984　　　1996　　　2009
史密斯住宅　盖蒂中心　拉乔夫斯基住　深圳华侨城欢乐海

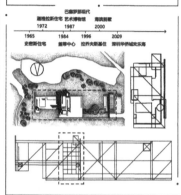

体块推演——化体为面 BULK TO PLANE　风格派 STYLE

流线分析 TRAFFIC ANALYSIS

私人流线
公共流线

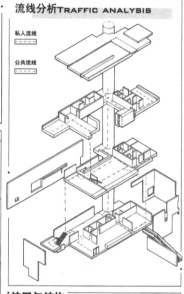

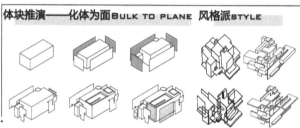

	一楼	二楼	三楼
功能分区			
围护体系			
空间组织			
功能气泡	餐厅 厨房／洗手间／私人交通／车库／展览厅／公用交通	洗手间／客房／起居室／私用交通／公共交通	洗手间／主人房／私人交通
分层轴侧			

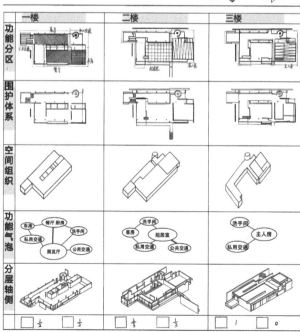

柱网与结构
COLUMN NET AND STRUCTURE

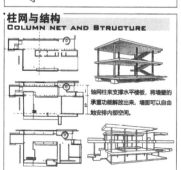

轴网柱来支撑水平楼板，将墙壁的承重功能解放出来，墙面可以自由地安排内部空间。

大师案例分析Ⅱ
RACHOFSKY HOUSE
新现代主义的承袭·突破·创新

私密性分析PRIVACY

透明性分析TRANSPARENCY
图底关系
空间关系
重叠关系
视线观察及空间体验
VISION AND SPACE EXPERIENCE

光影与空间LIGHT AND SHHADOW AND SPACE

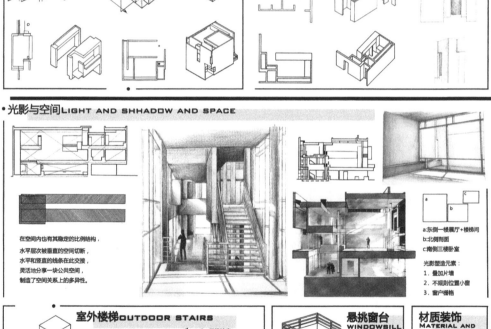

在空间内也有其稳定的比例结构，
水平层次被垂直的空间切断，
水平和竖直的线条在此交接，
灵活地分享一块公共空间，
制造了空间关系上的多异性。

a:东侧一楼展厅+楼梯间
b:北侧剖面
c:南侧三楼卧室

光影塑造元素：
1．叠加片墙
2．不规则位置小窗
3．窗户格栅

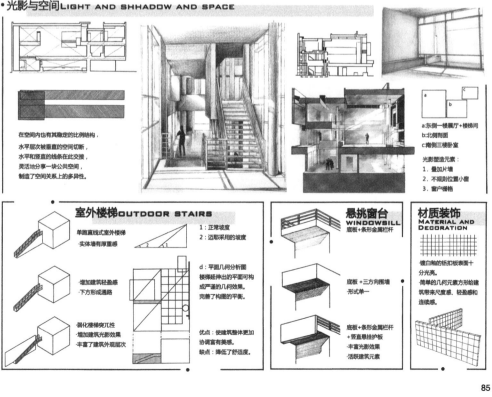

室外楼梯OUTDOOR STAIRS

单跑直线式室外楼梯
·实体墙有厚重感

1：正常坡度
2：迈耶采用的坡度

·增加建筑轻盈感
·下方形成通路

d：平面几何分析图
楼梯延伸出的平面可构
成严谨的几何效果。
完善的构图的平衡。

·弱化楼梯突兀性
·增加建筑光影效果
·丰富了建筑外观层次

优点：使建筑整体更加
协调富有美感。

缺点：降低了舒适度。

悬挑窗台
WINDOWSILL
底板+条形金属栏杆

底板+三方向围墙
·形式单一

底板+条形金属栏杆
+竖直悬挂护板
·丰富光影效果
·活跃建筑元素

材质装饰
MATERIAL AND DECORATION

·喷白釉的钌扣板表面十
分光亮。

·简单的几何元素方形给建
筑带来尺度感、轻盈感和
连续感。

学生：陈姝伊
　　　张崔淑筠
指导：侯世荣
年级：2018 级

学生作业案例"屈灵顿浴室分析"

　　通过阅读相关文献资料，学生主要从宏观构成到构造细节方面对空间的间隔秩序进行了图示分析。

建筑案例分析

Trenton bathhouse

方案生成与对比

视角分析

模型照片

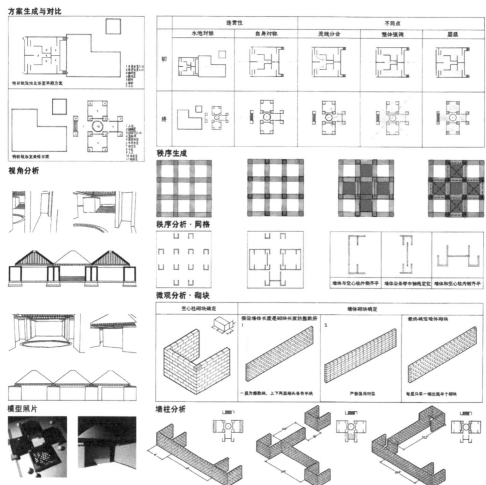

秩序生成

秩序分析·网格

微观分析·砌块

墙柱分析

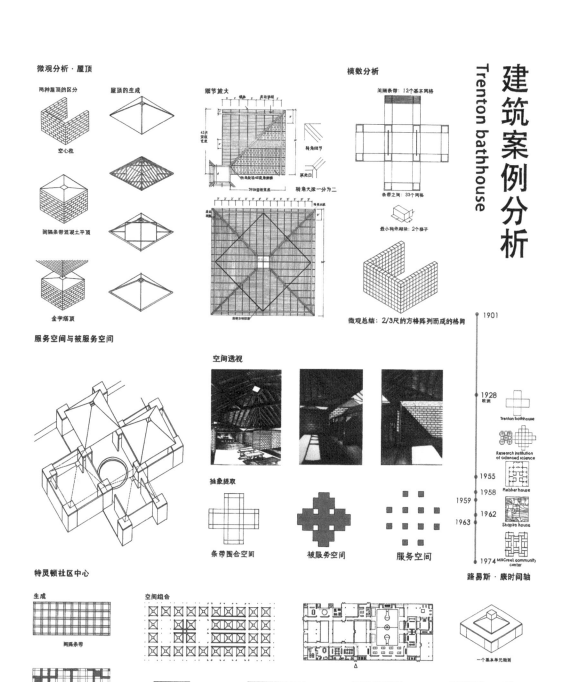

微观分析·屋顶

两种屋顶的区分 · 屋顶的生成

空心柱

间隔条带混凝土平顶

金字塔顶

细节放大

45片密板宽度

特角处沿45度斜接

3/4砖密板宽度

转角大梁一分为二

转角细节

采光口

底部方格阵列

模数分析

间隔条带: 12个基本网格

条带之间: 33个网格

最小构件模块: 2个格子

微观总结: 2/3尺的方格阵列而成的格网

建筑案例分析
Trenton bathhouse

服务空间与被服务空间

空间透视

抽象提取

条带围合空间

被服务空间

服务空间

1901

1928
欧洲
Trenton bathhouse

Research institution
of advanced science

1955
Fleisher house

1958

1959

1962
Shapiro house

1963

1974 Mill Creek community
center

路易斯·康时间轴

特灵顿社区中心

生成

间隔条带

服务空间

被服务空间

空间组合

一个基本单元轴测

87

学生：石子鸣　张尧　　学生作业案例"德克萨斯1号住宅"

指导：赵斌

年级：2019级

案例分析从九宫格基本几何构形开始，在解析数比关系、轴线层级的基础上，对功能、空间、形式的组织逻辑与表达展开分析。

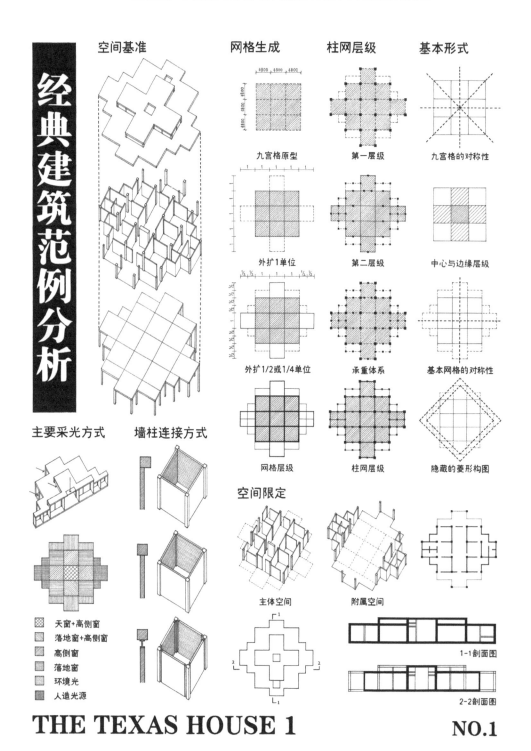

经典建筑范例分析

空间基准

网格生成

九宫格原型

外扩1单位

外扩1/2或1/4单位

网格层级

柱网层级

第一层级

第二层级

承重体系

柱网层级

基本形式

九宫格的对称性

中心与边缘层级

基本网格的对称性

隐藏的菱形构图

主要采光方式

墙柱连接方式

空间限定

主体空间

附属空间

天窗+高侧窗
落地窗+高侧窗
高侧窗
落地窗
环境光
人造光源

1-1剖面图

2-2剖面图

THE TEXAS HOUSE 1

NO.1

THE TEXAS HOUSE 1

轴线的确立

空间类型

单一空间　　　　　组合空间

使用体验

流线图　　　行走路线　　　实际使用面积

开放与封闭

墙体围合

墙体围合+家具

墙体围合+界面透明性

功能区与尺度

体量划分

地面铺装尺寸

4800×4800×3900(mm)
铺装：600×600(mm)
属性：主体 公共
门厅 起居室 音乐区

4800×4800×3900(mm)
铺装：1200×1200(mm)
属性：主体 半公共
餐厅 庭院

4800×4800×3000(mm)
铺装：300×300(mm)
属性：主体 私密
卧室 厨房

2400×4800×3000(mm)
铺装：150×2400(mm)
属性：附属 公共
阳台 门廊

2400×2400×3000(mm)
铺装：150×150(mm)
属性：附属 私密
厕所 浴室
更衣室 餐具室

经典建筑范例分析

学生：肖桂圆　管毓涵　　**学生作业案例"德克萨斯4号住宅"**

指导：赵斌　　　　　　　　以德克萨斯4号住宅为例，以九宫格为基础，从场地关系、空间生成、

年级：2019 级　　　　　　空间类型、立面节奏等方面对案例进行了由内而外、深入细致的分析。

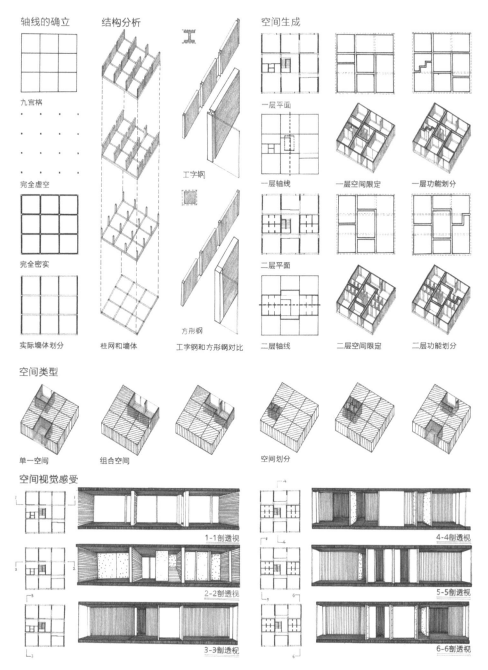

90

功能与尺度

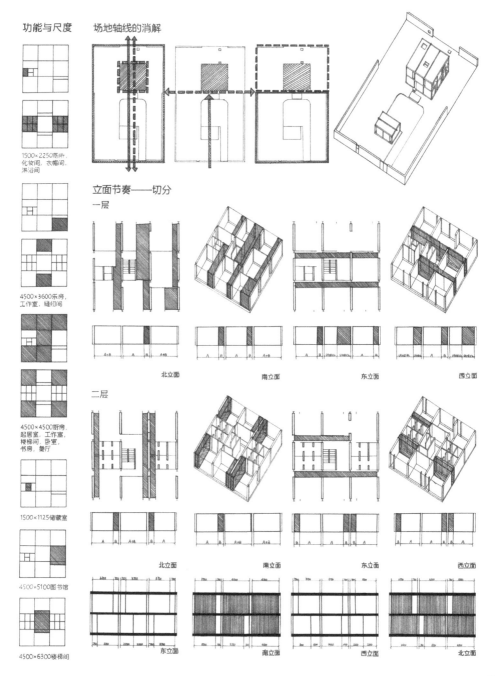

1500×2250厕所.
化妆间. 衣帽间.
淋浴间

4500×3600乐房.
工作室. 缝纫间

4500×4500厨房.
起居室. 工作室.
楼梯间. 卧室.
书房. 餐厅

1500×1125储藏室

4500×5100图书馆

4500×6300楼梯间

场地轴线的消解

立面节奏——切分

一层

北立面　　南立面　　东立面　　西立面

二层

北立面　　南立面　　东立面　　西立面

东立面　　南立面　　西立面　　北立面

学生：于泽龙　邢加辉
指导：赵斌
年级：2019级

学生作业案例"巴塞罗那德国馆"

该作业从网格与秩序生成、流动空间的透明性、建筑的水平板式构成、对称与体量的消解等方面，对德国馆这一经典案例进行了深入的解读。

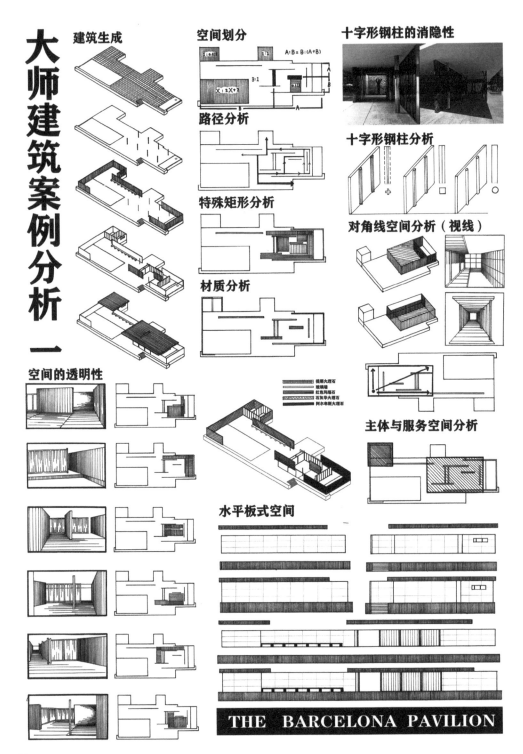

大师建筑案例分析一

建筑生成

空间划分

十字形钢柱的消隐性

路径分析

十字形钢柱分析

特殊矩形分析

对角线空间分析（视线）

材质分析

空间的透明性

主体与服务空间分析

水平板式空间

THE BARCELONA PAVILION

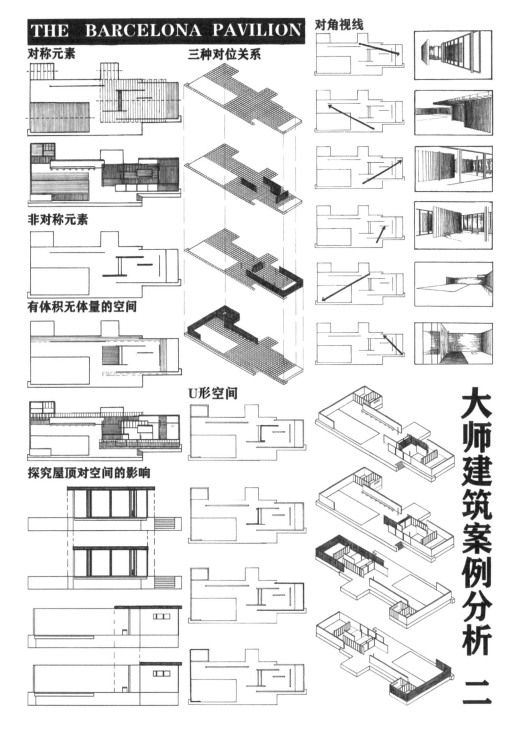

THE BARCELONA PAVILION

对称元素

三种对位关系

非对称元素

有体积无体量的空间

U形空间

探究屋顶对空间的影响

对角视线

大师建筑案例分析 二

学生：管雨姣　田凯宁
　　　庞慧珊
指导：赵斌
年级：2019 级

学生作业案例"加歇别墅"

该作业基于对经典文本的阅读和理解，结合案例特点，在几何构成、轴线控制、建筑漫步、空间的透明与渗透、体量的限定与消解等方面展开深入解读。

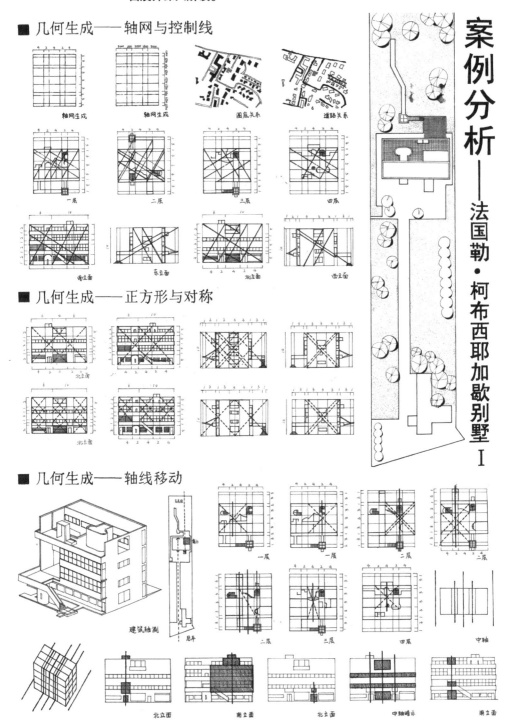

■ 几何生成——轴网与控制线

■ 几何生成——正方形与对称

■ 几何生成——轴线移动

案例分析——法国勒·柯布西耶加歇别墅 I

案例分析——加歐别墅Ⅲ

空间秩序——透明性

透明性与空间序列

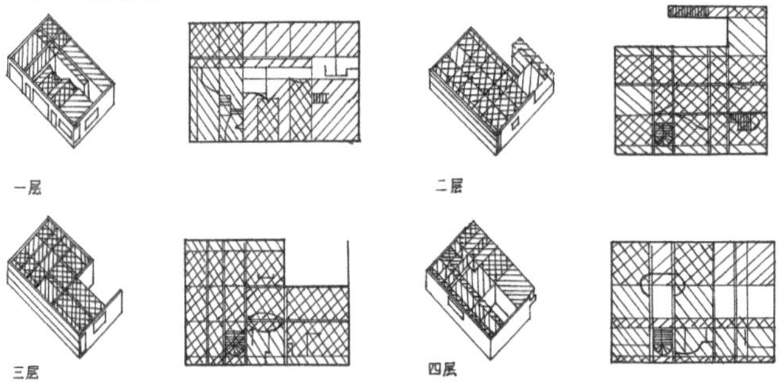

一层　二层　三层　四层

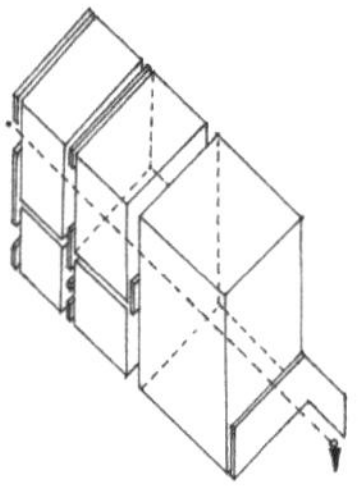

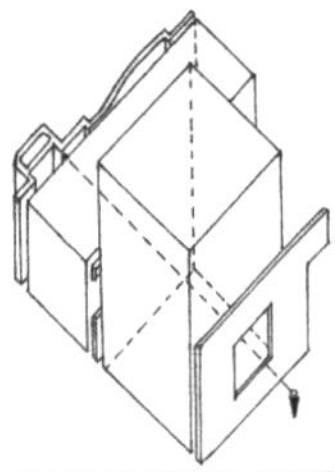

空间交叠一　分解体验

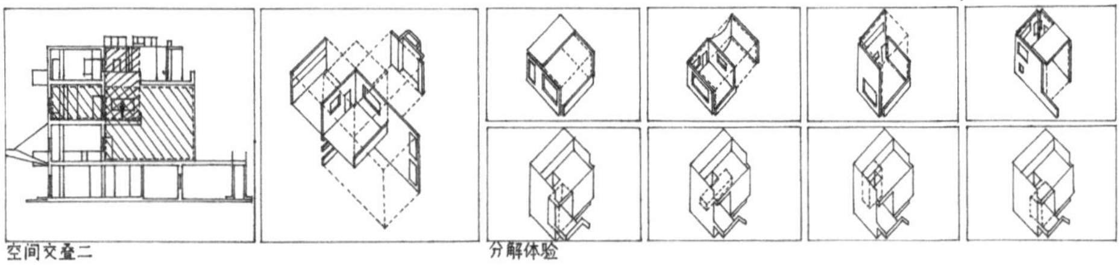

空间交叠二　分解体验

空间与功能——采光与通风

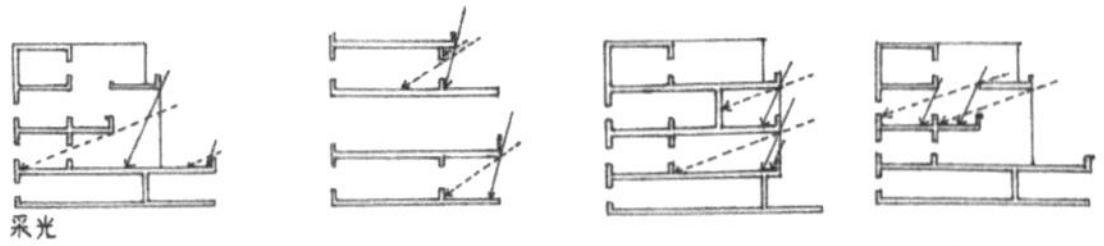

采光

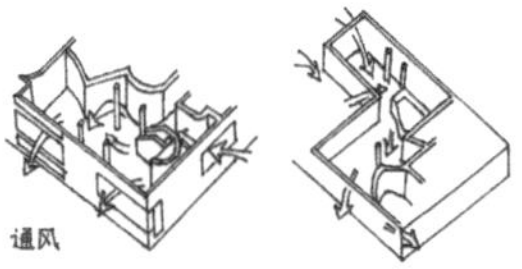

通风

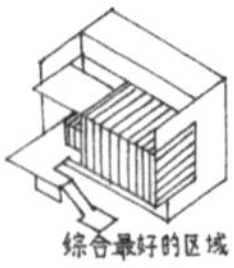

综合最好的区域

功能分区

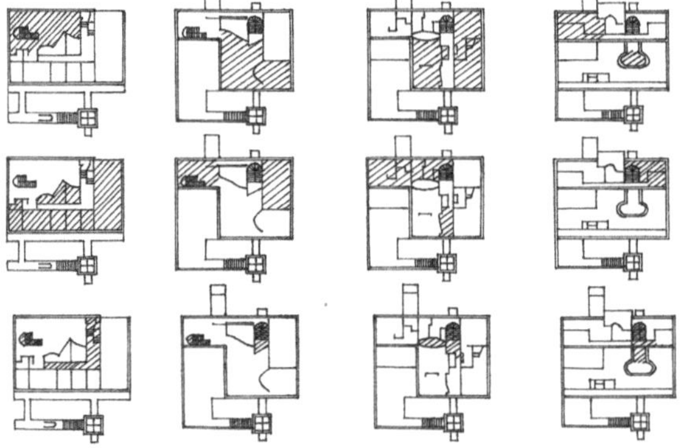

被服务空间

服务空间

交通空间

一层　二层　三层　四层

体块解析

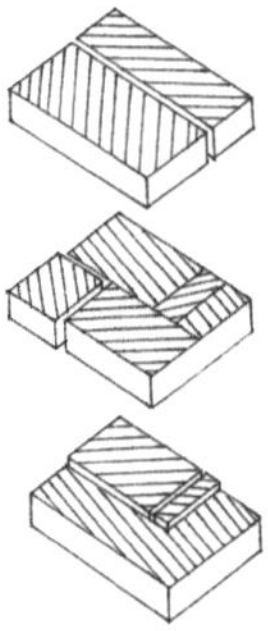

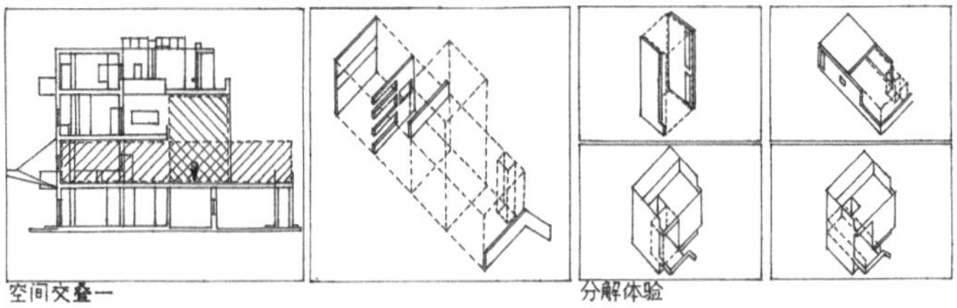

学生：张开翔　赵亚轩
指导：刘文
年级：2019 级

学生作业案例 "圣维塔莱河住宅"

该作业基于对案例相关文献图纸的搜集整理，尝试从几何分析的视角探讨方案的体块生成、开洞比例、光线引导和方向性等问题。

建筑范例分析 HOUSE AT RIVA SAN VITALE 1

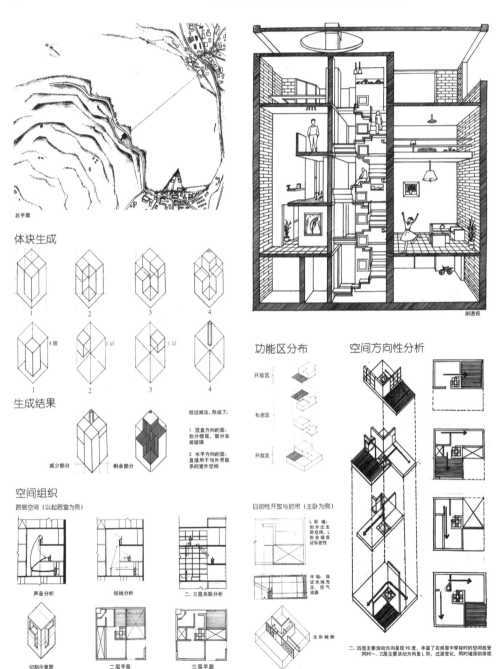

总平面

体块生成

生成结果

减少部分　　剩余部分

经过减法，形成了：

1. 竖直方向的面：划分楼层，部分安装玻璃
2. 水平方向的面：直接用于与外界联系的室外空间

空间组织

跨层空间（以起居室为例）

声音分析　　视线分析　　二、三层关联分析

切割示意图　　二层平面　　三层平面

剖透视

功能区分布

开放区

私密区

开放区

目的性开放与封闭（主卧为例）

L 形墙：划分出主卧空间，L 形卧室墙体保证私密性

半墙：保证光线充足、空气流通

主卧轴侧

空间方向性分析

二、四层主要活动方向呈现 90 度，丰富了在房屋中穿梭时的空间感受
同时一、三层主要活动方向呈 L 形，过渡变化，同时增添韵律感

建筑范例分析 HOUSE AT RIVA SAN VITALE 2

开洞分析

东立面   1F 4:9   2F 4:9   3F 7:3   4F 7:3+53:59

西立面   1F 5:6   2F 5:6   3F 5:6+31:85   4F 5:6+31:85

北立面   1F 5:6   2F 5:6   3F 5:6   4F 5:6+31:85

南立面   1F 4:9   2F 4:9   3F 53:59   4F 7:3+53:59

采光分析

剖面 1-1   9:00   12:00   17:00

光对空间的引导

区域轴测图   平面位置示意图   光线示意图   剖面光效果图

三层平台走廊

二层儿童卧室

三层主卧

流线分析

流线单一，每个功能区之间几乎都只有一条路线，使得功能区之间联系紧密而有序.

—— 主人流线
- - - 客人流线

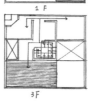

1 F   2 F

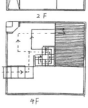

3F   4F

97

5

空间设计单元
Unit of Space Design

训练负责人　刘文

　　建筑师工作室作为一年级最后也是唯一的设计作业，是在前期抽象构成练习和识图绘制能力培养的基础上，结合学生对建筑空间及功能的理解，通过案例研读、空间限定、结构插入和构造选择4个阶段来实现建筑设计的过程。该阶段训练的核心一直聚焦于对空间本身的精准把握，将周边环境尽可能简化，目的是引起学生对建筑学基本问题的关注，强调通过内部空间的操作解决功能、建造与形式的问题，尽可能避免学生进行空间游戏的危险倾向。

　　训练成果包含建筑模型和方案图纸两个部分，其中方案图纸以轴测图、平面图、剖面图等技术图纸的表达为主要内容，并强调以一定量的图示语言来阐释方案的理念。训练的最终评定在考虑方案空间特色的同时，将图纸的深度、完成度，以及图面排版的清晰度和有序性纳入评价指标，结合一年级整体训练目标，采取图面质量一票否决制。

侯世荣 拍摄

空间设计训练
Training of Space Design

年级：一年级下学期

课时：7 周

　　　每周 8 学时

训练课题

　　空间设计单元是建筑设计基础教学训练中的第五个单元。本训练单元旨在使学生熟悉设计的基本流程，掌握结构的基本概念，学习结构限定下的空间秩序营造。2015—2019年的训练按照案例分析、功能与空间组织、结构认知、构造认知等环节开展；2020—2021年的训练扩大了建筑和用地的规模，为设计提供了更多的可能。

训练目标

1. 熟悉空间设计的基本流程。
2. 掌握结构的基本概念，学习结构限定下的空间设计。
3. 了解木结构的基本构造。
4. 继续学习通过模型进行方案构思的能力。

训练要求

　　现有一方形用地（长方形或正方形均可），用地面积200m²，地势平坦。需在此范围内设计一个单层的建筑师工作室。建筑轮廓应为方形（长方形或正方形均可），建筑主要朝向为南向，开窗方式与数量不限。本设计不包含室外空间部分的设计。建筑功能要求如下。

1. 总建筑面积为120m²，面积上下浮动不超10%，层高不超过4.2m。
2. 工作单元：8个工作单元（其中2个设计总监、6个设计员）或6个相对独立的工作单元。
3. 讨论区：需布置2400mm×1200mm的评图桌。
4. 接待或休息区。
5. 卫生间：包含1个坐便器、1个洗脸池及1个拖布池。
6. 带有洗刷池的茶点间。
7. 书籍或杂物储藏空间，可集中或单独设置。
8. 根据功能需求所配置的其他空间。

空间与结构设定

　　空间高度：建筑层高3.9～4.2m的单层空间设计。

　　气候边界：从采光、通风等功能需求出发，对开洞位置和大小进行讨论。淡化外立面设计。

　　承重形式：木梁柱框架支撑结构，讨论结构限制与空间设计的结合。

　　结构跨度：2.7～6m，既强调结构体系的规整布置，又利于灵活划分空间。

　　围护材料：木板材围护结构。

　　结构构件：以木材为基本结构材料，构件的尺寸规格见模型构件尺寸要求表。

训练过程

　　按照课程进度分为案例分析、功能组织与空间构成、结构与构造认知、深化与表达四个阶段。每个阶段的训练成果均计入总成绩。

模型构件尺寸要求表

构件	1：50 结构模型	1：30 成果模型	备注
柱	5mm×5mm	8mm×8mm	长×宽
梁	5mm×5mm	5mm×8mm	宽×高
檩	2mm×2mm	2mm×2mm	宽×高
墙	1mm	1.5mm	厚
楼板	1mm	1.5mm	厚
家具	—	1mm	厚

阶段一 | 案例分析
Phase One | Case Study

训练目标

    通过分析相关案例，熟悉工作室的基本功能要求，了解工作室空间组织的基本模式。

训练要求

    1. 实地参观与测量学院教师工作室，了解功能分区以及家具的基本尺寸。

    2. 制作参考案例的模型，从空间的量、形、质与空间组织两个方面解读案例。

成果要求

    1. 制作相关分析模型。

    2. 绘制相关案例的功能分区、流线组织与空间组织模式分析图。

    3. 以"案例分析"为题将以上成果绘制在A3图纸上。

案例模型
学生：魏椿明　李晓晨
　　　焦伟泉　代庆斌

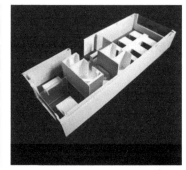

实习基地参观
孟昭倩提供

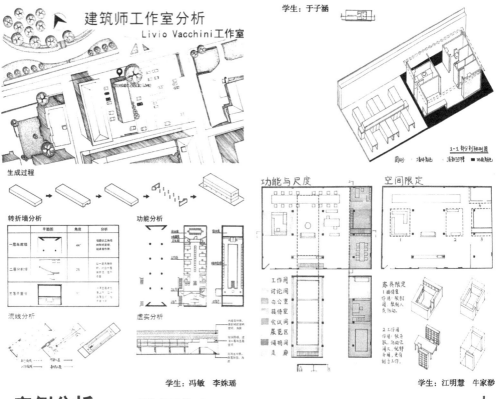

学生：于子涵

建筑师工作室分析
Livio Vacchini 工作室

1-1 剖切轴测图

生成过程

转折墙分析

功能分析

流线分析

虚实分析

功能与尺度

空间限定

家具限定

学生：冯敏　李姝瑶

学生：江明慧　牛家渺

案例分析 ——老树工作室

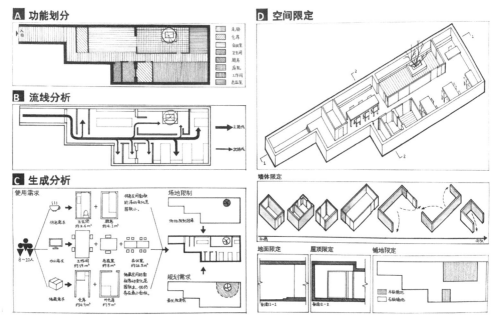

A 功能划分

B 流线分析

C 生成分析

D 空间限定

墙体限定

地面限定　屋顶限定　铺地限定

学生：孟泽　李一童

阶段二 | 功能组织与空间构成

Phase Two | Functional Organization and Spatial Composition

训练目标

　　学习运用气泡图分析功能关系，掌握具体功能与人体尺度之间的对应关系；以功能关系为基础，通过界面的处理尝试建立具有空间秩序的设计。

训练要求

　　1. 提出功能组织气泡图，结合用地尺寸对多个功能组织方案进行比较。

　　2. 空间尺度应满足不同功能的使用需求。

　　3. 制作工作模型进行方案比较，尝试分别制作封闭与开放的空间界面，体会相同功能关系下的不同空间感知。

　　4. 功能组织与空间构成相互影响，体会通过界面讨论空间与通过功能讨论空间两种方式的异同点。

成果要求

　　1. 工作模型以及相对应的抽象平面图、剖面图。

　　2. 功能气泡图以及室内空间意向图。

　　3. 以"功能组织与空间构成"为题将以上成果绘制在A3图纸上。

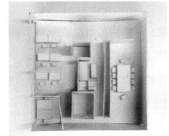

学生：王霄慧　　　　　　　　　　　　学生：成皓瑜　　　　　　　　　　　　学生：张宝方

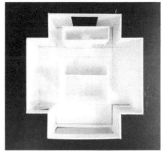

学生：李一童　　　　　　　　　　　　学生：闫文豪　　　　　　　　　　　　学生：牛家渺

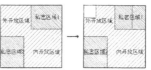

学生：李一童　　　　　　　　　　　　学生：闫文豪　　　　　　　　　　　　学生：牛家渺

阶段三 | 结构与构造认知

Phase Three | Structural and Constructive Cognition

训练目标

1. 掌握支撑结构与围护结构的基本概念，基本掌握空间形式与典型建筑结构之间相互制约的关系。

2. 通过制作指定的木构造典型节点模型，了解基础、墙体、窗户等位置的基本构造原理。

训练要求

1. 了解木框架与木承重墙两种不同的结构与其对应的空间特征。

2. 使用木质构件替换工作模型中的纸板，按照构件跨度与围护结构特性，对原有方案的结构可行性与合理性进行比较分析。

3. 参照所提供资料制作给定的构造模型，了解不同材料的交接处理，模型须表达不同材料的组织层次。

4. 根据构造要求深化平面图纸的表达。

成果要求

1. 方案结构模型1:50，构造模型1:10。

2. 结构平面图，仅表现承重构件并用虚线表示梁的位置，1:40。

3. 根据所提供资料绘制相关构造的拆解轴测图。

4. 以"结构与构造认知"为题将以上成果绘制在A3图纸上。

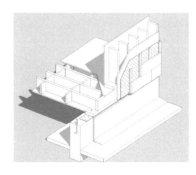 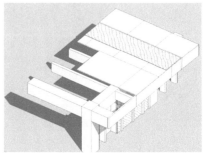

典型木构造节点
侯世荣 绘制

108

学生：陈之阳

学生：成皓瑜

学生：张宝方

学生：李一童

学生：闫文豪

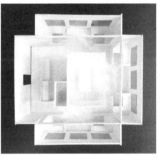

学生：牛家渺

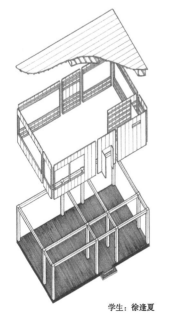

学生：徐逢夏

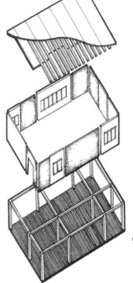

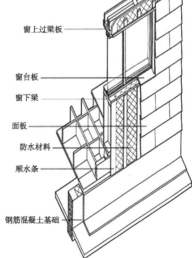

窗上过梁板

窗台板

窗下梁

面板

防水材料

顺水条

钢筋混凝土基础

学生：李一童

阶段四 | 深化与表达
Phase Four | Deepening and Expression

训练目标

　　绘制仪器草图，制作正模，进行方案设计意图的表达。

训练要求

　　1. 制作正模，模型应准确表达空间界面、结构体系及基本家具尺寸。

　　2. 绘制方案平面、剖面图，室内透视和剖轴测草图。

　　3. 图纸排版设计。

成果要求

　　1. 方案正模1：30～1：40。

　　2. A2正图，每人不少于2张，内容包括：

　　a. 模型照片；

　　b. 方案平面图、剖面图1：40；

　　c. 室内透视图；

　　d. 轴测图1：40；

　　e. 必要的方案分析图纸。

　　图纸比例可根据排版进行调整，以清晰表达设计为准。

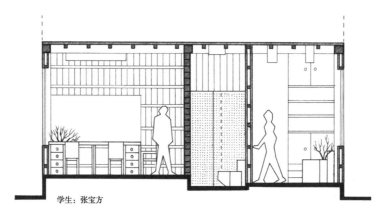

学生：张宝方

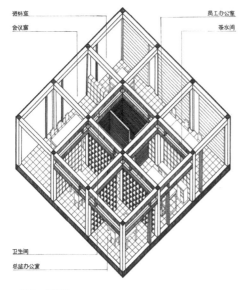

资料室　　　　　　　　　员工办公室
会议室　　　　　　　　　茶水间

卫生间
总监办公室

学生：管毓涵

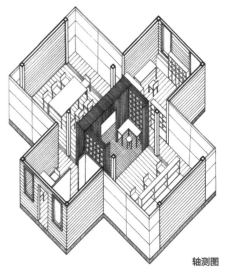

轴测图

学生：张砚雯

学生：徐明月

学生：于子涵

学生：于子涵
指导：黄春华
年级：2015级

学生作业案例 **"建筑师工作室设计"**

　　方案始于一个变异的九宫格，通过对网格纵横向构成的解读，确立了以横向三段构成为主、纵向三段渗透为辅的构成秩序，以此来组织空间与功能，整体结构简洁、清晰。

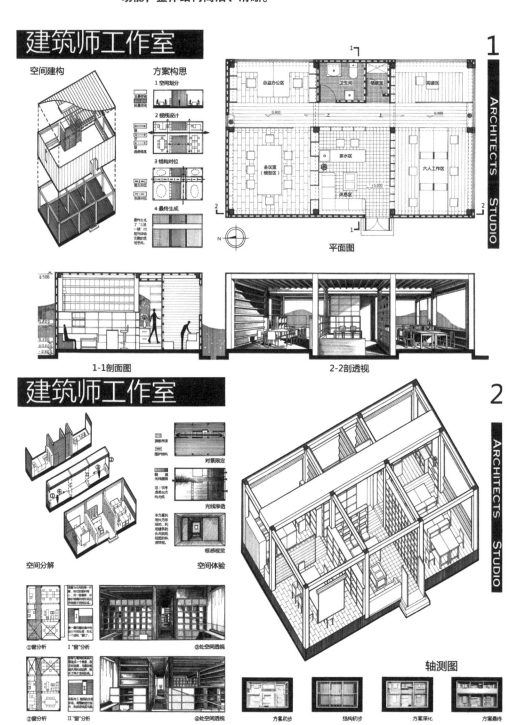

学生：齐国伟　　**学生作业案例"环趣"**
指导：王远方
年级：2016级

　　设计围绕中部的树木展开空间设计，采用多种木质隔断形成连续的空间感知，营造出环绕树木的生活工作趣味。

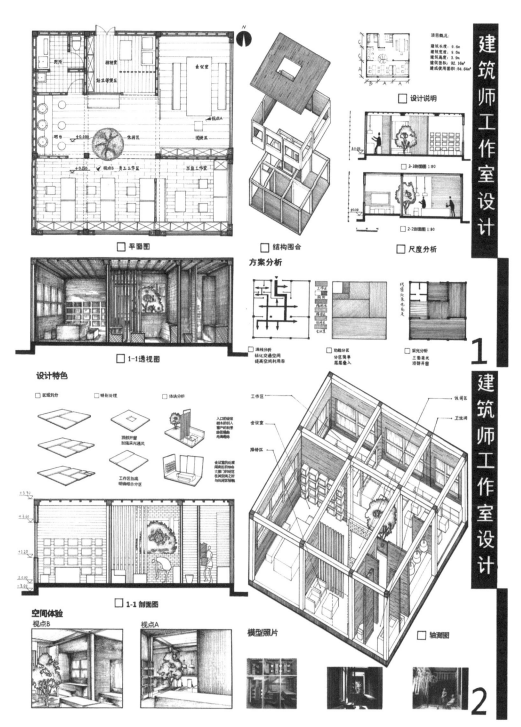

□ 平面图　　　　　□ 结构围合　　　　　□ 尺度分析

方案分析

□ 设计说明

□ 1-1透视图

设计特色

□ 区域划分　　□ 特制处理　　□ 体块分析

□ 1-1剖面图

空间体验

视点B　　　　视点A　　　　　模型照片　　　　　□ 轴测图

学生：李念依
指导：周琮
年级：2017 级

学生作业案例"90平方米的空间实验"

方案通过对控制网格的偏移形成风车状的空间布局，合理的开启设置使得内部空间与不同尺寸的院子形成视线交流。但结构处理较为繁琐。

1. 控制线·基本开间

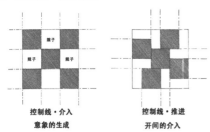

控制线·介入　　　　　控制线·推进
意象的生成　　　　　　开间的介入

尺度认知——面积与开间

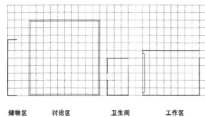

储物区　　讨论区　　卫生间　　工作区

轴测图

2．最大空间·服务关系

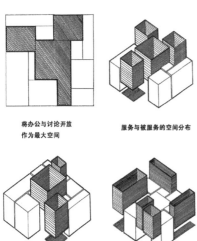

将办公与讨论开放　　　　服务与被服务的空间分布
作为最大空间

接待的实现：讨论区/接待室/茶水间　　　院落的空间分布

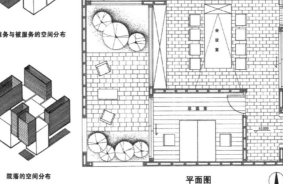

平面图

学生：曹博远
指导：侯世荣
年级：2016级

学生作业案例"工作室设计"

　　设计通过水平向的被服务空间将室内划分为公共与私密两个部分，通过设置界面高度及不同材质，创造了方向明确、功能合理的内部空间。

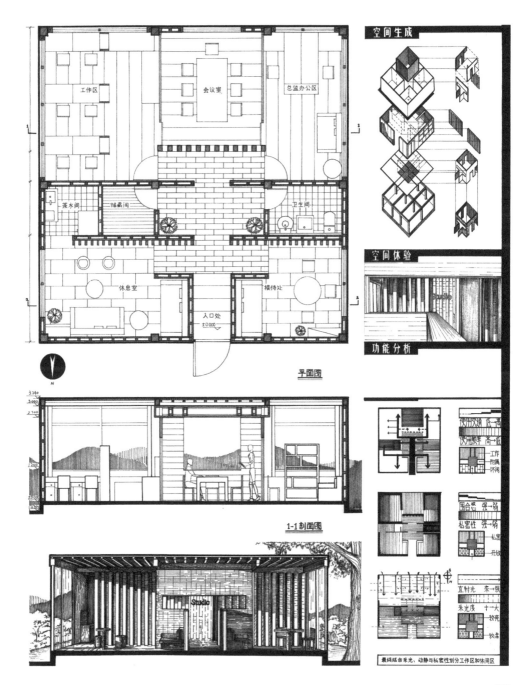

学生：李一童
指导：侯世荣
年级：2017 级

学生作业案例"对话虚实"
　　设计通过界面的交错形成虚实交错的两类空间。"虚空"部分对应公共空间，形成连续的感受；"实体"部分对应独立空间，并向外部开启。

对话虚实——建筑师工作室设计　　　　1

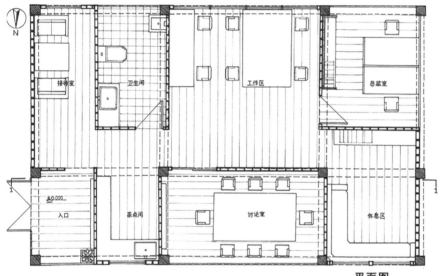

平面图

设计要求：
本设计仅讨论室内空间的逻辑组织和气氛营造，包括空间生成、结构认知、构造认知等。室外因素仅考虑日照的限制，而不考虑场地、环境等因素。

设计说明：
本方案旨在通过四步空间操作，在单一的空间内营造出富有秩序、虚实结合的多层次办公空间。

项目概况：
项目名称：建筑师工作室
占地面积：11.5m *7.5m =86.25㎡
建筑高度：3.9m
结构类型：木框架结构

1-1剖透视

空间划分

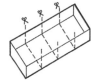

将空间分割成四份

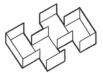

将四个空间进行错位操作

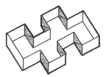

用实墙补齐缺失的墙体，产生虚空部分

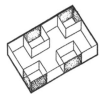

用玻璃将空间重新围合成规则形，产生四个实体部分

功能划分

在虚空部分排列与员工工作密切相关的功能，形成各功能之间紧密联系的公共办公空间。

接待室　茶点间　工作区　休息区

卫生间　总监室　讨论室

在四个实体部分中置入与周围功能区相互呼应的辅助功能，形成功能相对独立的空间。

虚实结合

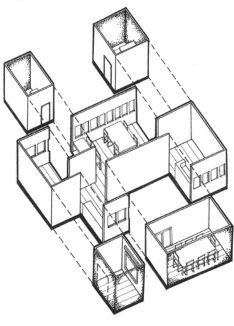

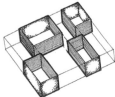

实体部分
完全围合的四个体块为实体部分

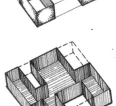

虚空部分
不完全围合的空间为虚空部分

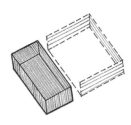

虚实对立
虚空部分与实体部分相互对立排列，整个空间富有趣味。

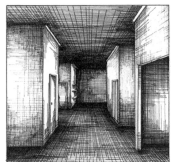
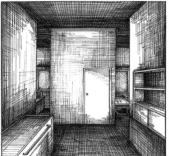

学生：徐化超
指导：赵斌
年级：2017 级

学生作业案例"PISTON"

　　方案以"体块"为基本要素来生成与组织空间，在方形轮廓内置入三个概念上的"体块"空间，体块间的错位与呼应使得"剩余"空间亦得到了清晰的界定，操作过程清晰，手法简洁。

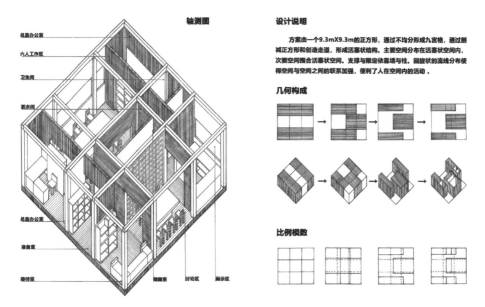

PISTON--ARCHITECT STUDIO DESGIN OF COVERING　　STEP I

轴测图

总监办公室
六人工作区
卫生间
茶水间

总监办公室
准备室
接待室
储藏室　讨论区　展示区

设计说明

　　方案由一个9.3mX9.3m的正方形，通过不均分形成九宫格，通过削减正方形和创造走道，形成活塞状结构。主要空间分布在活塞状空间内，次要空间围合活塞状空间。支撑与限定依靠墙与柱。回旋状的流线分布使得空间与空间之间的联系加强，便利了人在空间内的活动 。

几何构成

比例模数

PISTON--ARCHITECT STUDIO DESGIN OF COVERING　　STEP II

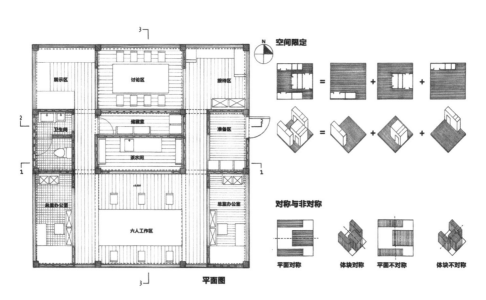

展示区　讨论区　接待区
卫生间　储藏室　准备区
　　　　茶水间
总监办公室　　　　总监办公室
　　六人工作区

平面图

空间限定

=　+　+

=　+　+

对称与非对称

平面对称　体块对称　平面不对称　体块不对称

PISTON--ARCHITECT STUDIO DESGIN OF COVERING   STEP III

1-1剖面图

2-2剖面图

3-3剖面图

空间与结构（平面）

空间与结构（体块）

活塞状结构　　柱网分布　　墙体分布　　墙柱围合

空间与体

两侧正方形　　中心正方形　　两侧走道　　活塞状结构

PISTON--ARCHITECT STUDIO DESGIN OF COVERING   STEP IIII

1-1剖透视

2-2剖透视

空间与功能

概念分区　　主次分区　　开放与私密　　实际分区

| 功能区 | 主区 | 开放区 | 工作区 | 讨论区 |
| 过流区 | 副区 | 私密区 | 接展区 | 附属区 |

空间与光线、流线

光线进入　　空间明暗　　概念流线　　实际流线

空间与模型照片

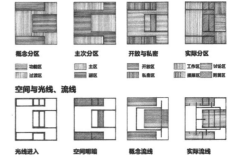

学生：张砚雯
指导：赵斌
年级：2017 级

学生作业案例"CROSS"

方案由简单的等轴"十"字形构成，将所有辅助空间以"实体"的形式置于纵横交接处，以此为"壁炉"分别在两个方向上形成了赖特式的流动空间，空间的提示、体量的定义均服从于这一主题。

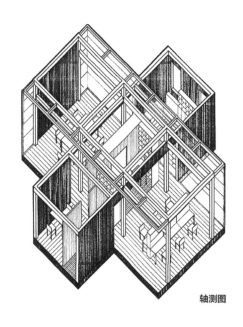

轴测图

设计说明

方案将十字形构图分解为五个等的正方形，结合功能的要求，对十字形构图进行了主轴和次轴的区分以及对称和不对称的操作。取消墙体空间限定，而变成不受约束的家具以及柱网，形成简洁而丰富的空间。

几何构成

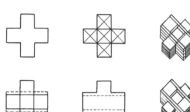

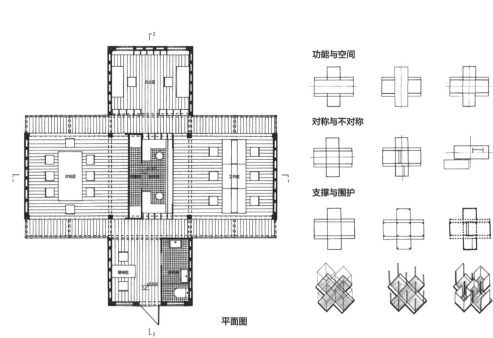

功能与空间

对称与不对称

支撑与围护

平面图

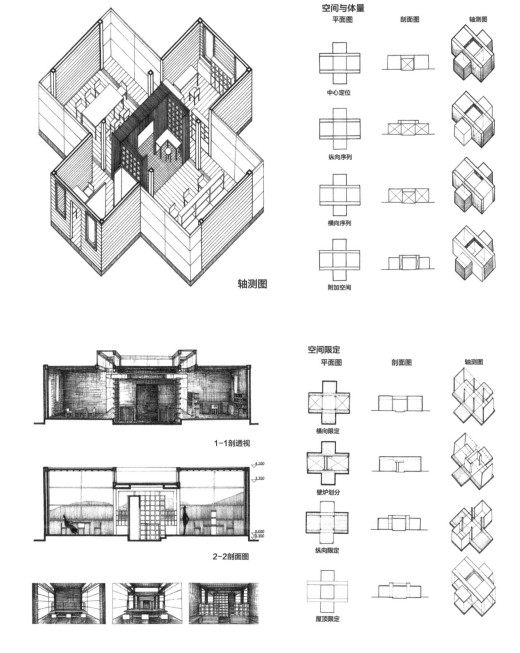

轴测图

空间与体量

平面图	剖面图	轴测图
中心定位		
纵向序列		
横向序列		
附加空间		

1-1剖透视

2-2剖面图

空间限定

平面图	剖面图	轴测图
横向限定		
壁炉划分		
纵向限定		
屋顶限定		

学生：郑春燕
指导：刘文
年级：2017 级

学生作业案例"建筑师工作室设计"

方案通过三个简单的矩形空间，构建出中轴对称的清晰明确秩序：会议区位于上下的工作区中间，卫生间和储藏室作为"黑空间"置于端头，主要开口处结合庭院形成前后对照的空间关系。

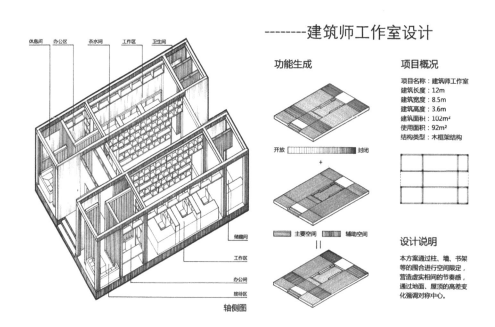

-------建筑师工作室设计

功能生成

开放 ▭▭▭ 封闭
+
■ 主要空间 ▦ 辅助空间
=

轴侧图

项目概况

项目名称：建筑师工作室
建筑长度：12m
建筑宽度：8.5m
建筑高度：3.6m
建筑面积：102m²
使用面积：92m²
结构类型：木框架结构

设计说明

本方案通过柱、墙、书架等的围合进行空间限定，营造虚实相间的节奏感，通过地面、屋顶的高差变化强调对称中心。

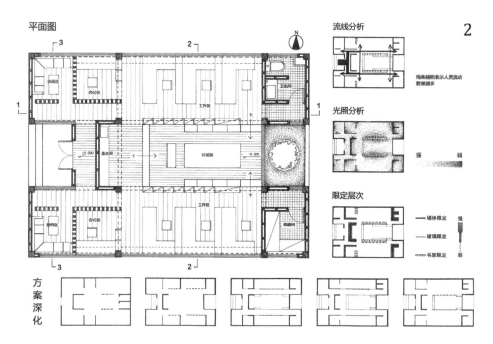

平面图

流线分析

线条越粗表示人员流动数量越多

光照分析
强 弱

限定层次

━━ 墙体限定   强
━━ 玻璃限定
┅┅ 书架限定   弱

方案深化

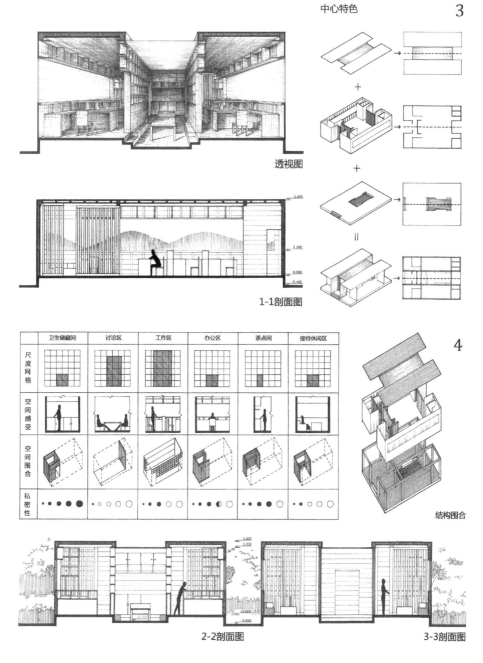

透视图

1-1剖面图

中心特色

3

4

结构围合

	卫生储藏间	讨论区	工作区	办公区	茶点间	接待休闲区
尺度网格						
空间感受						
空间围合						
私密性						

2-2剖面图　　　　　　　　　　　　　　　　　3-3剖面图

学生：尹航
指导：刘文
年级：2019 级

学生作业案例 "STARRY SKY"

　　方案通过"一"字形排布，在明确走道路径的同时将以会议室、接待室为代表的"大"单元与以单人工作区为代表的"小"单元进行串联，狭长庭院作为分割不同空间体块的介质，为氛围的营造起到了一定的积极作用。

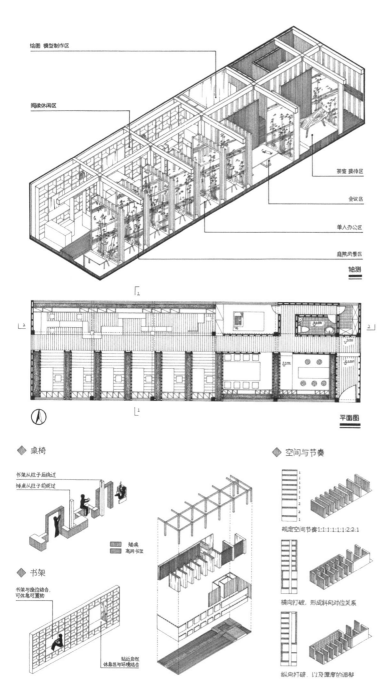

学生：王鸿梅
指导：赵斌
年级：2018 级

学生作业案例 **"建筑师工作室设计"**

　　设计在一个长条形体量之中组织了"一实一虚"两个体量。实体为主要的服务空间，虚体为主要的院落空间，虚实两个体量限定了空间与流线，形成了设计中典型的空间特征。

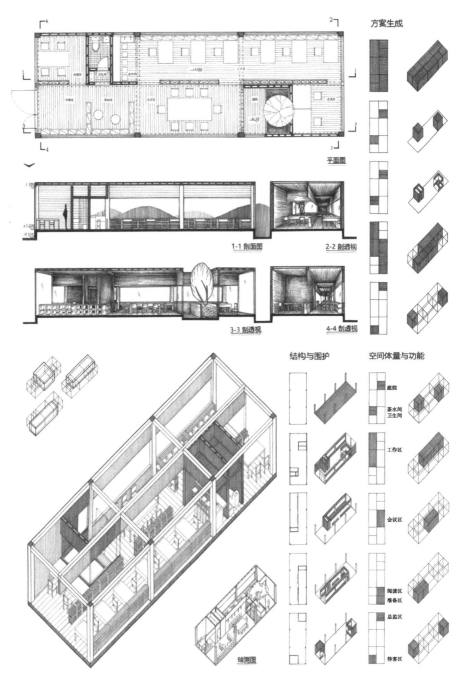

学生：管毓涵
指导：赵斌
年级：2019级

学生作业案例"9 CUBES"

　　方案原型为经典的"九宫格"，围绕中心形成了"L"形和正方形的基本构成，基于各个象限单元的独立、联合、并置等来组织功能与空间，空间限定、结构布置均体现了源于基本网格的生成过程。

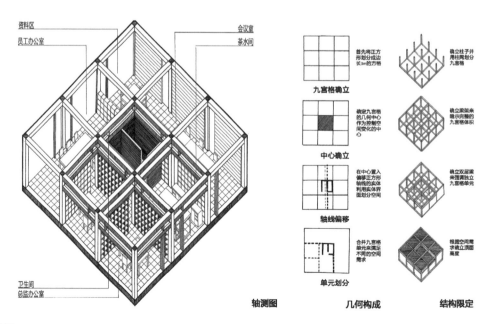

资料区
员工办公室
会议室
茶水间
卫生间
总监办公室

轴测图

九宫格确立
首先将正方形划分成边长3m的方格

中心确立
确定九宫格的几何中心作为控制空间变化的中心

轴线偏移
在中心置入偏移正方形轴线的实体利用实体界面划分空间

单元划分
合并九宫格单元来满足不同的空间需求

几何构成

确立柱子并用柱网划分九宫格

确立梁架来暗示完整的九宫格体积

确立双层梁来强调独立九宫格单元

根据空间需求来确立顶面高度

结构限定

9 CUBES II
-ACHITECTS STUDIO DESIGN-

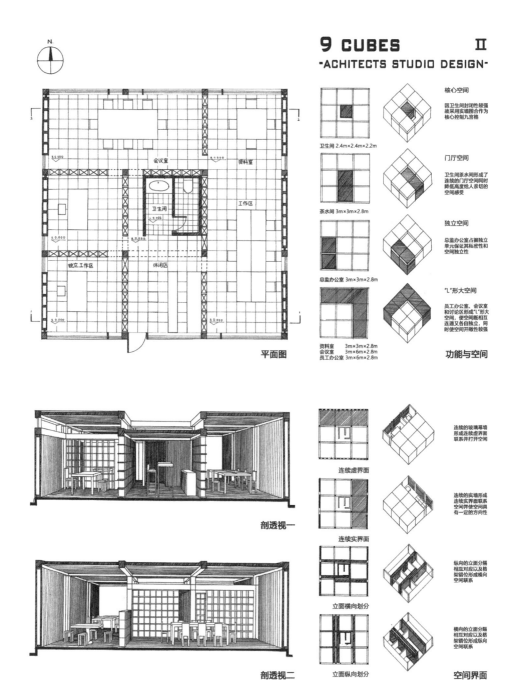

平面图

剖透视一

剖透视二

核心空间
因卫生间封闭性较强故采用实墙围合作为核心控制九宫格

卫生间 2.4m×2.4m×2.2m

门厅空间
卫生间茶水间形成了连续的门厅空间同时降低高度给人亲切的空间感受

茶水间 3m×3m×2.8m

独立空间
总监办公室占据独立单元保证其私密性和空间独立性

总监办公室 3m×3m×2.8m

"L"形大空间
员工办公室、会议室和讨论区形成"L"形大空间，使空间既相互连通又各自独立，同时使空间开敞性较强

资料室 3m×3m×2.8m
会议室 3m×6m×2.8m
员工办公室 3m×6m×2.8m

功能与空间

连续的玻璃幕墙形成连续虚界面联系并打开空间

连续虚界面

连续的实界面形成连续联系空间并使空间具有一定的方向性

连续实界面

纵向的立面分隔相互对应以及格架错位形成横向空间联系

立面横向划分

横向的立面分隔相互对应以及格架错位形成纵向空间联系

立面纵向划分

空间界面

127

学生：赵锦涵
指导：侯世荣
年级：2019级

学生作业案例"双院记"

设计在方形的用地之中置入前院与后院，并划分了公共与私密空间。
院落不仅为内部空间提供了采光，还形成了丰富的内部空间感受。

"双院记"建筑师工作室设计Ⅰ

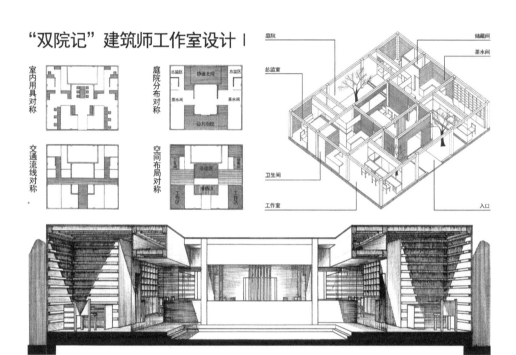

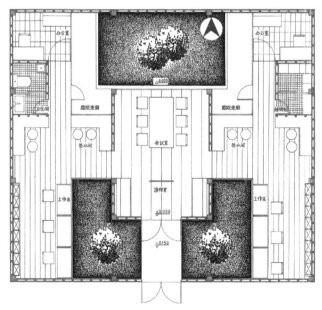

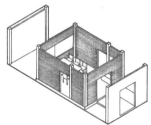

在轴线中心部分插入墙体进行围合，并且横向轴线下挂低，竖向轴线下挂高，从而加强纵向感。

工作室室内横向龙骨外露，暗示方向性，从而在视觉上强调纵深感，加强纵向感。

"双院记" 建筑师工作室设计 Ⅲ

工作区观景效果

会议接待区观景效果

空间生成

网格生成

网格生成

空间划分

功能与院子对应

轴线强调

功能细化

结构生成

支撑结构

围护结构

屋顶面层

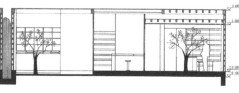

1 入口庭院

2 北院与外廊

3 南院光景

4 静谧北院

观察视线展示

5 曲径内廊

6 工作区光影

129

6

其他单元
Other Unit
—————
文章与课题

空间建造单元
Unit of Space Building

年级：一年级下学期
课时：3.5 周
　　　每周 8 学时

训练课题

　　空间建造单元是原建筑设计基础教学训练中的第六个单元。本训练单元旨在使学生了解材料的基本受力特征，学习从构造角度进行校园休息亭设计。2014—2015年的训练以纸板为主，并加入了特定连接材料；2016年后，由于场地限制及教学思路的调整，材料及构造训练被置于其他训练单元中。

训练目标

　　1. 了解特定材料的受力特征及组织方式，学会利用纸板实现一定的高度和跨度。了解场地环境及光线对搭建成果界面的影响。

　　2. 学会分工与合作，尝试解决建造中出现的具体问题。

训练要求

　　1. 休息亭使用面积3 ~ 4m²，内部净高2.4m左右。内部应包含相应的家具，家具宜与结构进行一体化设计并应符合人体尺度的要求。

　　2. 设计搭建过程中应根据材料本身的性能，选择合理的搭接方式、构件尺寸及节点做法。允许采用除纸板外的材料（如螺钉、捆扎绳）。

　　3. 本设计以小组形式开展，每组以3 ~ 4人为宜。

材料实验

学生：李坤

学生：孔庆秋　李晓静　李凡　苟新瑞　韩超　杨晨艺

学生：熊健　任永翔　　　　　　　学生：王艺斐　袁振皓　戴祥云　吴兆民　　　学生：齐俊哲　姜昊　韩立吉　刘东　宋静怡

论文 课题 获奖
Thesis, Research Topics and Awards

论文

1. 赵斌，张立，仝晖. 密斯：清晰的结构——再读巴塞罗那德国馆的逻辑
与秩序[J]. 新建筑，2018（1）. 59–63.

2. 侯世荣，王宇，赵斌. 建筑设计基础教案的设定与修正：2018中国高等学
校建筑教育学术研讨论文集会论文集[C]. 北京：中国建筑工业出版社.

3. 赵斌，侯世荣，仝晖. 基于"空间·建构"理念的建筑设计基础教学探
讨——山东建筑大学"建筑设计基础"课程教学实践[J]. 中国建筑教
育，2016（4）：13–18.

4. 侯世荣，赵斌，张雅丽. 建筑专业基本技能入门教学探讨——以调研能
力训练为例[J]. 中国建筑教育. 2016（1）：16–22.

5. 侯世荣，仝晖，周琼. 对木构建造教学的思考——以山东省木构建造设
计大赛为例[J]. 中国建筑教育. 2016（3）：35–40.

6. 侯世荣，赵斌. 建筑设计基础教学中功能关系的讨论——以建筑师工作
室为例：2016全国建筑教育学术研讨会论文集[C]. 北京：中国建筑工
业出版社.

课题

1. 2020年山东建筑大学校级教研立项. 侯世荣，赵斌，刘文，王宇，张
文波，王远方. 模块化抽象训练与生活感知结合的建筑设计基础教学模
式研究. 2020.09.

2. 2018山东省本科高校教学改革研究项目. 赵斌，曹振宇，江海涛，任
震等. 基于创新人才培养的"建筑类专业"设计基础课程群建设研究.

3. "新工科"背景下基于"空间·建构"理念的建筑设计基础课程建设.
赵斌，侯世荣，王宇，刘文，黄春华等. 山东建筑大学优秀教学成果二
等奖. 2018.03.

4. 2015年山东省青年教师教育教学研究课题. 侯世荣. 基于空间建构的
建筑设计基础课程教学研究（15SDJ183）.

5. 2015年度山东省教育科学研究优秀成果奖三等奖. 侯世荣. 基于空间
建构的建筑设计基础课程教学研究.

教案获奖

建筑师工作室设计优秀教案. 赵斌（主持），侯世荣，张雅丽，王宇，黄春华，许艳，王亚平. 全国高等学校建筑学学科专业指导委员会. 2016.09.

学生获奖

1. 韩静. 建筑师工作室设计. 2021东南·中国建筑新人赛暨第9届"亚洲建筑新人赛"中国区前100名. 指导教师：刘哲.

2. 张聿柠. 建筑师工作室设计. 2019东南·中国建筑新人赛暨第7届"亚洲建筑新人赛"中国区前100名. 指导教师：李晓东.

3. 姜文珏. 建筑师工作室设计. 2019东南·中国建筑新人赛暨第7届"亚洲建筑新人赛"中国区前100名. 指导教师：李晓东.

4. 郑春燕. 建筑师工作室设计. 2018东南·中国建筑新人赛暨第6届"亚洲建筑新人赛"中国区前100名. 指导教师：刘文.

5. 秦智琪. 建筑师工作室设计. 2018东南·中国建筑新人赛暨第6届"亚洲建筑新人赛"中国区前100名. 指导教师：刘文.

6. 曹博远. 建筑师工作室设计. 2017东南·中国建筑新人赛暨第5届"亚洲建筑新人赛"中国区前100名. 指导教师：侯世荣.

7. 齐国伟. 建筑师工作室设计. 2017东南·中国建筑新人赛暨第5届"亚洲建筑新人赛"中国区前100名. 指导教师：侯世荣.

8. 徐明月. 建筑师工作室设计. 2016年"全国高校建筑设计教案／作业观摩和评选活动"优秀作业. 指导老师：侯世荣，黄春华.

9. 刘玉洁. 建筑师工作室设计. 2016年"全国高校建筑设计教案／作业观摩和评选活动"优秀作业. 指导老师：赵斌，张雅丽.

10. 于子涵. 建筑师工作室设计. 2016年"全国高校建筑设计教案／作业观摩和评选活动"优秀作业. 指导老师：王宇，许艳.

11. 孔庆秋，李晓静，苟新瑞，韩超，杨晨艺等. 乐虾. 2017年山东省大学生建造设计大赛一等奖. 指导老师：侯世荣，王远方.

后记
Epilogue

　　本书集中呈现了山东建筑大学建筑城规学院建筑设计基础教学组近年来的教学思考、教学流程与作业成果。受到篇幅所限，仅选取课程的部分教学案例进行编排。请各位建筑教育界同仁不吝批评指正。

　　当下，一流课程建设正在全国如火如荼地开展。教学组从2020年起在建筑设计基础课中进行线上线下混合式的教学探讨，尝试将优秀网络教学资源与学校丰厚的建筑文化底蕴（海草房、凤凰公馆、岱岳一居、平移老别墅等）相结合，打造因校制宜的设计基础教学特色。"建筑设计基础1"于2021年8月被评为山东省混合式一流课程。

　　感谢建筑学2019级刘顺昊、别子涵，建筑学2018级王庆峰、张宪阔等同学在图纸扫描过程中的帮助。

本书编写组

2022年7月